U0348306

畜禽养殖与疾病防治丛书

图说鸡病防治

新技术

薛俊龙 主编

中国农业科学技术出版社

图书在版编目（CIP）数据

图说鸡病防治新技术/薛俊龙主编．—北京：中国农业
科学技术出版社，2012.9
ISBN 978-7-5116-0795-9

Ⅰ．①图… Ⅱ．①薛… Ⅲ．①鸡病－防治－图解
Ⅳ．①S858.31-64

中国版本图书馆CIP数据核字(2012)第006473号

责任编辑　崔改泵　张孝安
责任校对　贾晓红　郭苗苗

出 版 者　中国农业科学技术出版社
　　　　　北京市中关村南大街12号　　邮编：100081
电　　话　(010)82109708（编辑室）　(010)82109704（发行部）
　　　　　(010)82109709（读者服务部）
传　　真　(010)82109708
网　　址　http://www.castp.cn
经 销 者　各地新华书店
印 刷 者　北京富泰印刷有限责任公司
开　　本　787 mm × 1 092 mm　1/16
印　　张　11
字　　数　168千字
版　　次　2012年9月第1版　2015年9月第4次印刷
定　　价　22.80元

前　言

——畜禽养殖与疾病防治丛书

近十几年，我国畜禽养殖业迅猛发展，畜禽养殖业已成为我国农业的支柱产业之一。其产值占农业总产值的比例也在逐年攀升，连续 20 年平均年递增 9.9%，产值增长近 5 倍，达到 4 000 亿元，占到农业总产值的 1/3 之多。同时，人们的生活水平不断提高，饮食结构也在不断改善。随着现代畜牧业的发展，畜禽养殖已逐步走上规模化、产业化的道路，业已成为农、牧业从业者增加收入的重要来源之一。但目前在畜禽养殖中还存在良种普及率低、养殖方法不科学、疫病防治相对滞后等问题，这在一定程度上制约了畜牧业的发展。与世界许多发达国家相比，我国的饲养管理、疫病防治水平还存在着一定的差距。存在差距，就意味着我国的整体饲养管理水平和疾病防控水平还需进一步提高。

针对目前养殖生产中常见的一些饲养管理和疫病防控问题，中国农业科学技术出版社组织了一批该领域的专家学者，结合当今世界在畜禽养殖方面的技术突破，集中编写了全套 13 册的"畜禽养殖与疾病防治"丛书，其中，养殖技术类 8 册，疫病防控类 5 册，分别为《图说家兔养殖新技术》《图说养猪新技术》《图说肉牛养殖新技术》《图说奶牛养殖新技术》《图说绒山羊养殖新技术》《图说肉羊养殖新技术》《图说肉鸡养殖新技术》《图说蛋鸡养殖新技术》《图说猪病防治新技术》《图说羊病防治新技术》《图说兔病防治新技术》《图说牛病防治新技术》和《图说鸡病防治新技术》，分类翔实地介绍了不同畜禽在饲养管理各方面最新技术的应用，帮助大家把因疾病造成的损失降低到最低限度。

　　本丛书从现代畜禽养殖实际需要出发，按照各种畜禽生产环节和生产规律逐一编写。参与编撰的人员皆是专业研究部门的专家、学者，有丰富的研究数据和实验依据，这使得本丛书在科学性和可操作性上得到了充分的保障。在图书的编排上本丛书采用图文并茂形式，语言通俗易懂，力求简明操作，极有参阅价值。

　　本丛书不但可以作为高职高专畜牧兽医专业的教学用书，也适用于专业畜牧饲养、畜牧繁殖、兽医等职业培训，也可作为养殖业主、基层兽医工作者的参考及自学用书。

编　者

2012 年 9 月

图说鸡病防治新技术

第一章 鸡传染病概述

第一节 鸡传染病的基本概念

一、传染和传染病

病原微生物侵入易感动物体，并在一定的部位定居、生长繁殖，从而引起动物一系列的病理反应，这个过程称为传染。当病原微生物的毒力强或数量多，家禽的抵抗力相对比较弱时，被传染的家禽表现出明显的临床症状时就叫传染病。但侵入动物体的病原微生物，不一定都会引起传染。大多数情况下，动物体不适合侵入的病原微生物生长繁殖，或动物体能迅速动员防御力量将侵入者消灭掉，不表现可见的临床症状和病理变化，这种状态称为抗传染免疫，也就是动物体对病原微生物具有不同程度的抵抗力或免疫力。动物体对某一病原微生物没有免疫力称为有易感性。病原微生物只有侵入有易感性的动物才能引起传染或传染病。

二、传染病与普通病

鸡的传染病和其他畜禽传染病一样，都是有一定的病原微生物（细菌、病毒等）侵入鸡体内引起发病的，如鸡感染鸡新城疫病毒会引起鸡新城疫。鸡群一旦发生这样的一些烈性传染病，则流行较快，在一定的时间内不仅整个鸡群发病，而且也会传染给邻近的鸡舍或鸡场的鸡群。病鸡多表现较相同的临床症状和相当的死亡率，有的传染病会造成很高的死亡率或全群覆灭，经济损失惨重。日常饲养过程中，鸡群中也常发生由非病原微生物引起的群发性疾病，又叫普通病（或非传染病），这类病与传染病不同，它是由一般性病因（如过冷、过热等）或由于某些营养物质缺乏（或过多）或中毒元素引起的疾病。最常见的是因营养缺乏或过多引起的普通病，又称其为营养代谢病，如佝偻病等，这类病的特点是发病缓慢，一般从病因作用到临床出现症状需数周或更长时间。另外还有由中毒元素（抗生素、植物毒素、有害气体等）中毒引起的普通病，又叫中毒性疾病，这类病的特点是急性中毒，临床症状或死亡出现在几分钟或数小时；慢性中毒病例，临床症状或死亡，出现在数周或更长。总之，这类疾病多为地方散发或流行，无传染性。

三、传染的类型

病原微生物的侵袭与动物体反侵袭，两者的相互作用是错综复杂的，并受多种因素和外界环境的影响。因此，按其特点不同，表现出若干不同的传染类型。

1. 按病原微生物的来源不同分为外源性传染与内源性传染

病原微生物从动物体外侵入动物体引起的传染称为外源性传染。大多数传染病属于这种类型。病原微生物寄居在家禽体内，不表现致病性，当家禽由于内部因素或外界条件的影响抵抗力下降而病原体毒力增强，大量繁殖引起禽发病称为内源性传染。

2. 按病原的种类和侵入的先后分为单纯传染、混合传染和继发传染

由一种病原体引起的传染为单纯传染。由两种以上病原体同时参与引起的传染为混合传染，亦称并发。家禽感染了一种病原体之后，由于抵抗力减弱又感染另一种病原体称为继发性传染。如鸡发生支原体病后，由于抵抗力的下降造成致病性大肠杆菌的感染而导致大肠杆菌病的发生。

3. 按传染的部位分为局部传染和全身传染

病原体侵入家禽，局限于家禽的一定部位生长繁殖并引起局部病变称为局部传染。如果家禽的抵抗力减弱，病原体冲破了动物体的各种防御屏障侵入血液向全身扩散，则发生严重的全身传染。如菌血症、败血症、毒血症、脓毒败血症等。

4. 按临床表现分为显性传染与隐性传染

感染后表现明显的临床症状为显性传染，不表现任何临床症状而呈隐性经过的为隐性传染。

5. 按病程长短分为最急性传染、急性传染、亚急性传染和慢性传染

最急性传染，病程短，常在数小时或一天内突然死亡，症状和病变不显著，如禽霍乱等；急性传染，病程较短，自几天至一二周不等，并有明显的典型症状；亚急性传染，介于急性与慢性两者之间的一种中间类型；慢性传染，病程发展缓慢，常在一个月以上，临床症状常不明显或不表现出来。

四、传染病的一般特征

（1）传染病是由病原微生物引起的，具有一定潜伏期和特征性的临床症状及病理变化。

（2）传染病具有传染性和流行性。传染性是指发生传染病的禽排出病原体，通过传染媒介，如空气、饲料、饮水等，侵入有易感性的健康禽体内，引起同样症状的疾病。

（3）患病的家禽能产生特异性免疫反应（如血清学反应及变态反应等），如用酶联免疫吸附实验检测血清抗体，诊断鸡群是否有白血病。

（4）患过传染病的禽康复后，一般都能获得特异性免疫，使禽在一定时间内或终生对再感染该种病原体没有感受性。

五、传染病的发展阶段

传染病的临床特点，在其发展过程中具有一定的规律性，一般可分为4个时期。

1. 潜伏期

由病原体侵入家禽体内时起，直到疾病的第一个临床症状出现为止，这段时期称为潜伏期。不同的传染病或同一种传染病，潜伏期的长短均有差异。

2. 前驱期

是疾病的预兆阶段。不表现明显的特征性症状，仅出现一般的症状，如体温升高、食欲减退、呼吸增数、精神沉郁、脉搏加快等，一般只有数小时至1~2天。

3. 明显期

是疾病发展到高峰阶段。这一阶段很多有代表性的特征性症状相继出现，在诊断上有重要参考价值。

4. 转归期

疾病发展至后期，可转入转归期。转归有两种可能：其一是，患病的家禽在疾病发展过程中产生的免疫力逐渐增强，足以抑制疾病的发展，病情好转，症状消失，完全康复；有的传染病，病禽的症状虽已消失，但可能是带菌者或排菌者，有的则为不完全痊愈而留有后遗症。其二是转归不良，病情日趋恶化，衰竭死亡。

第一章 鸡传染病概述

第二节　鸡传染病的流行过程

传染病在鸡群中发生、传播和终止的过程，也就是鸡从个体感染发病发展到群体发病的过程，称为流行过程。这一过程的形成一般要经3个阶段：病原体从传染源排出；病原体在外界环境中停留，经过一定的传播途径；侵入新的易感动物而形成新的传染。如此连续不断便形成了流行过程。形成流行过程的3个阶段必须具备传染源、传播途径、易感鸡群3个基本环节才能构成传染病在鸡群中流行。

一、流行过程的三个基本环节

（一）传染源（也叫传染来源）

传染源是指能够保持病原微生物寄居、生长繁殖，并不断向外界排出病原体的受到感染的鸡。包括传染病病鸡和带菌（毒）者。病禽特别是症状明显的病禽，可排出大量毒力强大的病原体，在疾病的传播上危害性最大。病愈带菌和健康带菌的期限长短不一。生产实践中，引进家禽时，误把带菌者引入而引起传染病流行的事例屡见不鲜。因此，消灭带菌者和加强检疫，防止引入带菌者是传染病防治工作中非常艰巨的任务之一。

（二）传播途径

病原体由传染源排出后，通过一定的传播方式再侵入易感动物所经过的途径称为传播途径。在传播方式上可分为直接接触传播和间接接触传播两种。

1. 直接接触传播

是在没有外界因素的参与下，病原体通过传染源与易感动物直接接触（交配、舐咬等）而引起的传染。如鸡白痢病公鸡带菌的精液，通过交配把该病传染给母鸡。

2. 间接接触传播

是病原体必须在外界因素的参与下，通过传播媒介使易感动物被传播。从传染源将病原体传播给易感动物的各种外界环境因素称为传播媒介。传播媒介分为有生命的生物（媒介者）和无生命的物体（媒介物）。间接接触传染一般经以下几种传播媒介，通过呼吸道、消化道、伤口等传播途径而传染。

（1）经空气（飞沫、飞沫核、尘埃）传播。传染源由于鸣叫、咳嗽、喷嚏，喷出带有病原体的微细泡沫而散布的传染为飞沫传染。所有的呼吸道传染病主要通过飞沫，经呼吸道而传播的。从传染源排出的分泌物、排泄物和处理不当的尸体散布在外界环境的病原体附着物，经干燥后，由于空气流动冲击，带有病原体的尘埃在空气中飘扬，被易感动物吸入而传染称为尘埃传染。

（2）经污染的饲料和水传播。传染源的分泌物、排出物和病禽尸体及其流出物污染的饲料、牧草、饲槽、水池、水井、水桶，或由污染的管理用具、车船、畜舍等污染饲料、饮水等，以消化道为主要传播途径传给易感家禽，如鸡马立克氏病等。

（3）经污染的土壤传播。随病鸡排泄物、分泌物或尸体一起落入土壤，并在其中生存很久，抵抗力强的病原微生物可称为土壤性病原微生物。当洪水冲淹，使土壤中的这些微生物冲起被家鸡采食而发病。

（4）经活的媒介者传播

① 节肢动物。节肢动物中作为传染病的媒介者，它们在病禽与健康禽间刺螫吸血，从而传播病原体。

② 野生动物。可分为两大类：一类是野生动物对病原体具有易感性，在受感染后再传染给禽，如麻雀传播法氏囊病等。另一类是野生动物对某病原体无易感性，但可机械地传播疾病。

③ 人类。饲养人员和兽医在工作中如不注意遵守防疫卫生制度，消毒不严时，容易传播病原体。如在进出病禽舍和健康禽舍时可将手上、衣服、鞋底沾染的病原体传给健康禽。注射针头以及其他器械，如消毒不严可成为病原体的传播媒介。有些人畜共患的传染病如大肠杆菌病、沙门氏菌病，人也可能作为传染源。

（三）易感禽群

易感禽群是指禽群对某种传染病缺乏免疫力。决定它的因素有：

1. 禽群的内在因素

表现在以下几个方面：①动物的遗传性。遗传性不同，对传染病的易感性亦不同，多种动物对同一病原体的感受性也不同。②动物的品系。同种动物不同的品系，易感性不同。③动物的年龄。同种动物不同的年龄，易感性不同。④禽的免疫状态。禽群发生某种传染病后，易感性最高的个体易于死亡，余下的或已康复，或经过无症状传染都可获得特异性免疫力。给禽打预防针，就是使禽对某些传染病获得免疫力。常发某种传染病的地区，当地家禽的易感性很低，如从无病地区引进新的易感家禽群，则常引起该传染病的急性暴发。

2. 禽群的外在因素

某些传染病，特别是一些内源性传染的疾病，饲养管理、卫生制度、隔离检疫等都是与疫病发生、发展有关的重要因素。

二、流行过程的特征

（一）流行过程的表现形式

禽传染病在流行过程中，根据一定时期内发病率的高低和传播范围的大小，可区分为下列4种表现形式。

1. 散发性

在较长时期里某种传染病呈个别的散在性的发生，这样的病例称为散发性。

2. 地方流行性

是指在一个较长时期里，某种传染病在一定区域出现的频率稍超过散发性病例。

3. 流行性

是指在一定时期内某种传染病在一定家禽群出现的病例数量多，频率比平常高。其特点是传播范围广，病原的毒力强，家禽群的易感性高，如不加强防治常可传播到数县。

4. 大流行

是一种规模较大的流行，流行范围可扩大到全国，几个国家甚至整个大陆。这种疫病是由传染性很强的病毒引起的。

（二）流行过程的季节性和周期性

某些禽传染病经常发生于一定的季节，或在一定季节出现发病率显著上升的现象，称为流行过程的季节性。如某些地区禽霍乱的多发季节为早春、晚秋及初冬。有的传染病经一次流行之后，过一段时间间隔流行，这种现象称为传染病的周期性。

三、自然因素和社会因素对传染病流行过程的影响

1. 自然因素

包括气温、气候、湿度、阳光、雨量、地形、地理环境等。它们对流行过程的三个基本环节都会发生作用。

2. 社会因素

包括社会制度、生产力和人民的经济、文化、科学技术水平及贯彻执行法规的情况等。这些既可能是促进家禽疫病广泛流行的原因，也可以是有效地消灭和控制疫病流行的关键。

四、疫区、疫点和疫源地的概念

1. 疫区

指某种传染病正在流行的地区。其范围除病禽所在地的自然村外，还包括病禽发病前后一定时间内（最长潜伏期）曾经到过的地方，这些地区称为疫区。

2. 疫点

一般指病禽所在的厩舍、栏圈、饲养场（庭院）、饮水点等。疫区内可以包括多个疫点。但疫区与疫点的界限也不是绝对的，如某种传染病在某几个乡发生，对一个县来说，它是疫区；但在全省或全国范围来说，它只是某种传染病的一个疫点。

3. 疫源地

与疫区的概念有些相似，但不完全相同，它不以传染源有无为条件，而是以是否向外界散播病原体为根据的。

第三节　鸡传染病的防治措施

随着我国养禽业的快速发展，必须做好禽传染病的防治工作，即：建立和健全基层兽医防治机构；贯彻"预防为主、养防结合、防重于治"的方针；积极开展群众性的防病灭病运动；搞好禽群管理、防疫卫生、预防接种、检疫、隔离、消毒、尸体处理和及时治疗等综合性防治措施。为搞好疫病防治工作，

与农业、商业、外贸、卫生、交通等有关部门，在政府的领导下密切配合通力协作也是必要的。另外，传染病的发生是由病原微生物与动物体在外界环境因素的影响下，相互作用引起的。构成传染病的流行过程必须具备传染源、传播途径及易感动物三个基本环节。根据传染病发生和流行的这一规律，发病之前应做好经常性的预防工作；发病之后，要根据各种传染病的特点，按照"早、快、严、小"的原则，对流行过程的三个环节，分别轻重缓急，抓住薄弱环节，制订重点措施，解决主要问题，以达到在最短时间内，用最少的人力、物力控制传染病的流行。如消灭鸭瘟等应以预防接种为重点措施。但是，只是单独进行一项防治措施还不够，必须采取包括"养、防、检、治"四项基本综合防治措施。综合防治措施包括平时的预防措施和发生疫病时的扑灭措施。

一、平时的预防措施

1. 加强饲养管理

加强饲养管理，搞好卫生和定期消毒工作，以增强禽的非特异性抵抗力，贯彻自繁自养的原则，减少疫病传播。

2. 春、夏、秋、冬四季喂预防药

根据不同的季节，可选用黄连、黄柏、黄芩、板蓝根、穿心莲、蒲公英、紫花地丁、金银花、白三、连翘、鱼腥草、夏枯草、地锦草、败酱草、马齿苋、大蒜、葱、韭菜等中草药煎服，以减少疫病发生。

3. 认真实行检疫

检疫就是应用临床诊断、流行病学诊断、病理学诊断、微生物学诊断、免疫学诊断等方法，对运输动物及其产品的车船、飞机、包装、铺垫材料、饲养工具、饲料等进行疫病检查，并采取相应措施，防止疫病的发生和传播。

4. 预防接种

进行定期地、有计划地打预防针，以提高禽的特异性抵抗力，是预防和消灭传染病的重要措施。

（1）免疫接种是用疫苗或菌苗等接种健康易感的家禽群后，经过一定时间产生一种叫抗体的物质。抗体有特异性，只能与相应的病原微生物发生特异性的结合，使病原微生物失去致病的作用。由一种微生物制成的疫苗或菌苗只能预防一种传染病。由几种微生物制成的联合苗可预防多种传染病。无论接种何种疫苗都不可能使禽产生终身免疫。由于接种的疫苗不同，在禽体内所产生的抗体，能足够抵抗病原微生物侵袭的期限（即免疫期）亦不同。

（2）免疫程序。给家禽打预防针既要减少人力、物力的浪费，又要提高免疫质量，关键要看免疫效果。有的注射密度高，但疫病常年不断，有各种因素影响免疫效果，一个地区禽群可能发生的传染病不止一种，而可以用来预防这些传染病的疫苗（菌苗）的性质不尽相同，免疫期长短不一。所以，一定的禽群往往需要用多种疫苗（菌苗）来预防不同的病，也需要根据各种疫（菌）苗的免疫特性来制定预防接种的次数和时间，这就形成了在实践中使用的免疫程序。

（3）建立和健全冷藏疫苗的系统。疫苗或菌苗是一种生物制品，必须在低温下保存，在一定时期内才不致于失效。因此，运送疫苗应有冷藏箱，保存疫苗应有冰箱。

（4）接种前，除做好动员、组织人力、备好药品器械外，对注苗的禽群最好进行一次驱虫。实践证明严重的寄生虫病能影响免疫效果。

（5）接种过程中及接种后除按规定进行操作和观察外，必须加强饲养管理。

二、发生疫病时的扑灭措施

禽群传染病一旦发生后，依据流行过程的三个环节，按照"早、快、严、小"的原则，迅速打断三个环节的联系。可采用以下措施。

（一）正确诊断和报告疫情

及时而正确的防治，来源于准确的诊断。诊断的方法很多，但重点是临床诊断，必要时进行特殊方法的诊断。同时，应将疫情及时的向上级主管部门报告。并通知邻近县、乡及临近家禽场做好预防工作。

（二）隔离和封锁

经诊断为传染病后应迅速隔离或封锁。其目的是把疫病控制在原地，就地扑灭，避免扩大和散播。封锁和解除封锁的期限，传染病不同，亦有差异。

（三）消毒、杀虫和尸体处理

消毒是用机械清除及物理、化学或生物热的消毒法，清除或杀死病原体。在用化学消毒药物消毒禽舍、地面或圈栏时，事前都应彻底的清除粪便、垫草、饲料残渣及洗刷墙壁、圈栏等。

（四）紧急接种与治疗

1. 紧急接种

这是在发生传染病时，为迅速控制和扑灭传染病的流行，而对疫区和受威胁区尚未发病的家禽进行的应急性免疫接种。

2. 治疗

对发病的家禽应在严格隔离和加强护理的情况下，进行及时的、分别对不同情况进行治疗。对急性传染病以抗菌药物、免疫血清为主；慢性传染病采用中西结合的办法，能收到一定效果。但要注意病禽痊愈后的经济价值。

第四节　鸡病的预防措施和卫生管理要求

良好的饲养管理是养禽获得成功的基本前提，精心的饲养管理除使家禽发挥其最佳生产主能外，也有利于增强家禽自身抵抗力，对各种疫苗的接种产生最佳应答反应，从而促进家禽生产性能的进一步发挥。

（1）目前的养禽业已由农村的家庭式饲养发展到密集型饲养，少则数千只，多则几十万只。要保证家禽的健康成长和生产，必须要有一整套的综合性疫病防制措施，因密集饲养，一旦发生传染病，极易全群覆灭，所以必须采取预防发生传染病的措施，治疗则是不得已而采取的办法。家禽发病的可能性随饲养数量的增加而增加。

（2）综合性防病措施。包括下列一些内容：无病的雏禽、良好的饲养、疫苗接种、用药、严格的卫生管理、禽的生物安全和全价营养饲料。

（3）对每批家禽的转移，要充分清扫和消毒房舍与设备，包括用过的一切器具。消灭病原，并更新垫料。

（4）雏禽与成禽应隔离饲养，其设备和管理及饲养人员也应分开，这样将会增加成功的机会。种禽群应在单独隔离的禽场内饲养。

（5）某一品种的禽舍应同其他的家禽和家畜分隔开来，因有一些鸡、鸭、鹅、火鸡、牛和猪的传染病能交叉感染，如巴氏杆菌病。

（6）要保证供应全价的饲料和合格的饮水，当饮水减少时，饲料也成比例地减少。饲料和饮水的明显减少，往往是发病的初期症状。

（7）育雏期间应保持最适当的温度、湿度和通风，使雏禽和幼禽很舒适，防止贼风、过热或过冷或温度变化不定。

（8）禽群的密度不能过大或拥挤，密度大则生长发育受阻，饲料报酬降低和生产水平下降，密度大也会导致其他与应激反应有关的问题。

（9）应有合理的疫病免疫程序并且要严格执行。在疫苗接种的反应期内，应精心观察、密切注视。

（10）进入禽舍的饲料和用具等应是清洁不带病原的。无关人员不准进入禽场区，更不允许进入禽舍。不允许不必要的参观者进入禽舍，同时工作人员也不去其他的禽场。

（11）对病死家禽的最好处理方法是烧掉，丢入深井和深埋是其次的方法。死禽处理不当将是对该地区所有家禽的一种潜在威胁。

（12）疫病流行时要及时作出确诊，经有关的人员送往有关部门进行诊断化验，及时作出最佳的处理方案。家禽发病恢复后，不能留作种禽。

第二章　鸡病诊治基本知识

第一节　鸡病发生的常见原因

当鸡群中有鸡只出现异常状态，如精神不振、采食减少、羽毛松乱、下痢、消瘦、产蛋下降或死亡等，都说明鸡群发生了疾病。引起鸡发病的原因很多，现将常见的致病因素归纳如下。

1. 生物学因素

各种病原微生物（指对鸡有致病力的病毒、细菌和真菌等）和寄生虫等都是自然界中的生物，当它们侵入鸡体后就会引起各种传染病和寄生虫病，如鸡新城疫、禽霍乱、曲霉菌病和球虫病等。

2. 机械和物理因素

包括在外力作用下引起鸡的外伤和死亡的各种因素（如砸、打、刺、跌等）和高温、低温及强光等因素。

3. 化学因素

主要指强酸、强碱和有毒气体引起的损伤，农药、灭鼠药和治疗用药引起的药物中毒，配制不当或变质饲料引起的饲料中毒等。

4. 营养因素

主要是饲料中各种营养成分特别是各种维生素及微量元素缺乏、不足或过剩引起的各种疾病。如维生素 B_1 缺乏引起的多发性神经炎，钙、磷不足或比例失调引起的佝偻病，蛋白质过高引起的痛风病等。

这里首先要注意的是，各种致病因素之间不是彼此孤立的，而是相互影响或互为因果的。例如，当鸡发生营养缺乏症时，某些病原菌就会乘虚而入，继而发生细菌性疾病；又如蛔虫的寄生可引起营养缺乏等。其次要注意的是，以上列举的致病因素皆为外因，外因需通过内因起作用。临床上之所以出现各种复杂的现象，除了外因的不同，更主要的还由于内因的不同，因为即使是同样的致病因素作用于不同日龄、不同品种、不同免疫状态、不同体况的鸡群或同一群中的不同个体所表现出来的致病作用都不尽相同，有的发病、有的不发病，发病的则有轻有重，病程有长有短，出现病变的器官和轻重程度也各不相同等。

第二节　鸡病的临床诊断方法

诊断鸡病主要依据以下几个方面。

1. 流行情况

术语又称之为流行病学，是指疫病在传播速度、传播方式、对不同日龄和品种的鸡及其他动物的易感性，病的发生流行与其他因素的关系，以及在发病率和死亡率等发面的特点。如禽霍乱，多种禽类皆易感，在鸡中主要是散发性，多发生于产蛋期，主要在群内传染，发病率不高，死亡率高。又如曲霉菌病在流行方面的主要特点是该病多发生于 20 日龄以内的雏鸡，日龄越小发病率越高，死亡率也越高，育雏舍潮湿，使用发霉饲料易暴发本病等。

2. 症状

即所谓临床症状，就是指鸡发病以后所表现出的各种病态。多种鸡病都出现的一些症状如精神委顿、采食减少等，称为一般症状，在鸡病诊断中意义不大。在诊断中意义较大的是那些只在某种或某几种疾病中出现的症状，即特征性症状。如鸡眼中流出一种牛奶状渗出物是维生素 A 缺乏症的特征性症状，雏鸡或育成鸡排出红色带血粪便是急性球虫病的特征性症状，鸡排出白色稀粪是雏鸡白痢、传染性法氏囊病和内脏型痛风的特征性症状等。

3. 病理变化

简称"病变"，是指鸡发病以后，鸡体组织器官所出现的各种异常变化。这些变化可分为人眼能直接看见的眼观病变（又称肉眼病变或大体病变）和只有在显微镜下才能看见的显微病变（又称组织学病变或微观病变）。各种传染病一般也都有其特征性的病变。如小肠内壁斑状肿胀、出血或溃烂，腺胃乳头出血是新城疫的特征；法氏囊肿胀出血是传染性法氏囊病的特征等。这些特征性的病变在鸡病的诊断中十分重要，对病死鸡或病鸡进行剖检的目的就是检查病变，为诊断提供依据。但要注意有时个别鸡的病变并不能代表其群体的病情，对某一群鸡的病，多剖检一些病死鸡可以减少误诊。

4. 实验室检查

在根据上述三点仍无法对疾病作出诊断时，就要将濒死或刚死的鸡送往有关部门做实验室检查（实验诊断），其内容主要有病原体的分离、培养和鉴定，动物接种试验，用各种血清学方法检测抗原、抗体等。

第三节　鸡病的剖检诊断

病死鸡的病理剖检是临床诊断鸡病的主要手段之一，不需要复杂的检验设备和严格的工作场所，在短时间内凭肉眼直观判断，即可从特征性的病理变化作出初步的诊断结论，进而为临床防治争取更多的时间，还可利用解剖采取有诊断价值的病料供实验室作进一步的确诊等试验。

（一）剖检前的准备工作

（1）剖检时应准备必要的工具和药品，如剪刀、解剖刀、镊子、解剖盘、水盆、药皂、毛巾、消毒液和石灰及装尸体用的不漏水包装袋。

（2）选择鸡场的下风头根据解剖量的多少挖好深坑，以便及时深埋尸体。注意尸体入坑后在其上放一层石灰或洒上消毒液，然后填土。

（3）剖检地点应选择在具有隔离、消毒条件的解剖室内进行，若无条件，要选择远离鸡舍、水源、道路的偏僻地方，垫一塑料薄膜或塑料包装袋，以便对解剖场地进行消毒处理。

（4）剖检前应要求禽主或饲养员了解该鸡群的流行病学、临床症状和饲养管理情况，然后对剖检的死鸡注意检查其外观，羽毛、骨骼及流出的黏液等，活鸡还要注意观察其临床症状。宰杀活鸡的方法主要有断颈、枕骨大孔穿刺和注射等。断颈是较为常用的一种，即用一只手在后提起双翅，另一手掐住头部，在将头部急剧折向垂直位置的同时，快速用力向前拉扯，从而在瞬间内折断颈部和脊髓，完毕，尸体浸泡于消毒液中约 5 分钟。

（5）剖检的病死鸡不管在临床症状方面还是在营养状况方面等一定要有

代表性，尽可能多剖检几只，以便找出共同的病变，作出正确的诊断。

（二）病死鸡的剖检程序

（1）将病死鸡于消毒液中浸泡 5 分钟后，以背位仰卧，拉开两腿，切开腿腹之间的皮肤。然后紧握大腿股骨处，向下向外折，使股骨头与髋关节完全分离，平放在解剖用瓷盘上。

（2）先沿中线将胸骨嵴和肛门之间的皮肤切开，然后把皮肤向前撕开，暴露整个胸腹部，甚至连同颈部全部暴露出来。检查皮下和胸肌有无出血等异常。

（3）用剖检刀在胸骨和肛门之间，横切腹肌和两侧胸肌。用骨钳铰断两侧肋骨骨条、喙突和锁骨，再切开两侧肋骨和腹壁。此时即可将整个胸骨及其附属结构从尸体上取下，充分暴露所有内脏器官，以便进行检查。

（4）分别检查心脏、肝脏、肠道、肌胃、腹气囊和部分胸气囊的外观有无明显病变。可无菌暴露肝脏、脾脏。进行分离培养，可用无菌操作采集拭子样品，或切开内脏器官，进行无菌采样。必须先无菌采集培养用样品，再检查脏器的病变。

（5）取出并剖开检查心脏，重点是心包、心冠脂肪、心肌有无出血点和坏死灶等。观察肺脏。如有必要可进一步检查迷走神经。

（6）切开并仔细检查肌胃、腺胃和食道。剥离内膜后，检查肌胃黏膜，特别要注意其与腺胃的结合部有无出血点和糜烂等情况。

（7）从腹腔取出肠道，检查腹气囊。慢慢切开肠管，检查肠壁和肠内容物，重点注意盲肠和小肠段的外观和内壁。纵向切开整个肠管，检查有无球虫、炎症、出血、坏死性或溃疡性病变，有无内寄生虫。

（8）检查肾脏和生殖器（卵巢或睾丸）。必要时，可将其拿出体外进行更仔细的检查。检查泄殖腔是否有出血等病变。仔细检查法氏囊的外观和大小，切开后做进一步的检查。

（9）沿喙的两侧剪开，暴露整个口腔、颈部的食管和气管等，检查口腔和咽喉有无出血、炎症、溃疡、肿胀及黏膜和黏液的情况。分别切开气管和食道，进行仔细检查，观察其内部黏膜有无出血、黏液等情况，将喙部在鼻腔处横向切开，检查鼻腔和窦。

（10）剥离颅骨和上颌的皮肤。用骨钳，从枕骨大孔开始，暴露出骨神经，进行检查。

（11）将肾脏刮去，可很好地暴露体腔内的坐骨神经丛。臂神经丛位于胸腔入口两侧，也很容易找到。异常的坐骨神经呈黄色、条纹不清、肿胀。有些外观无明显的病变，需要用显微镜才能观察到病变。

（12）检查肋骨肋软骨的交界处，是否肿胀，有无形成串珠。纵向切开长骨骨骺，检查异常的钙化过程。通过弯曲和折断，测定胫跗骨的坚硬度，检查有无营养缺乏症。用骨钳切断骨骼，检查骨骼的发育情况和骨髓状况。

（13）切开关节，检查关节黏液、渗出物及腱鞘的情况，观察有无异常变化和出血等。

（三）腹腔、嗉囊和食道的病变观察分析

腹腔 腹腔暴露后，未摘除内脏器官前，仔细观察腹腔的大体变化。

（1）腹腔积液呈淡黄色，并有黏稠的渗出物附着在内脏器官表面，可能是腹水综合征、大肠杆菌病、包涵体肝炎。

（2）腹腔中积有血液和凝血块，常见于急性肝破裂疾病，如脂肪肝综合征、包涵体肝炎以及肝脾的肿瘤性疾病。

（3）腹腔中器官表面，尤其是肝、心、肠系膜等脏器表面，有一层石灰样白色沉淀物，这是由于肾脏受到伤害，功能减弱或丧失的表现。如鸡传染性法氏囊病、肾型传染性支气管炎等。

（4）腹腔器官粘连，并有破裂的卵黄和坚硬卵黄块，可能是由于大肠杆菌、鸡白痢等疾病引起的卵黄型腹膜炎。

食道和嗉囊 剪开观察内部病变。

（1）食道黏膜上生成许多白色小结节，是维生素A缺乏的特征性病变之一。

（2）嗉囊充满食物，说明鸡是急性死亡，应根据具体情况进行分析、判断。若为急性大批量死亡，可分析为中毒或急性传染病所致。

（3）嗉囊膨胀并充满酸臭液体，可见鸡新城疫、肾型传染性支气管炎等；如若充满坚硬的植物根茎等物，可诊断为嗉囊梗阻。

（4）嗉囊黏膜增厚，附着大量白色黏性物质，可能有线虫寄生；若有假膜和溃疡，这是鹅口疮的特征。

第四节　疫苗免疫接种方法

根据不同疫苗的使用要求,采用相应的接种方法。接种方法有滴鼻、点眼、刺种、肌肉皮下注射、饮水、胚内免疫及气雾免疫等。

1.滴鼻、点眼法（图2-1）

滴鼻、点眼可用滴管、点眼药水瓶或5毫升注射器（针尖磨秃），先用1毫升水试一下,看有多少滴,便于稀释疫苗时考虑剂量。滴管等工具要注意消毒。滴鼻时左手握鸡、使一个鼻孔朝上,另一个鼻孔用手堵住,右手拿滴管,对准朝上的鼻孔缓慢滴入2滴,或两侧鼻孔各滴1滴。点眼时,因为一只眼内不能容纳2滴,所以应在两侧眼内各滴1滴,要看到每一滴疫苗确实被鸡吸进鼻孔或在眼内耗下去,才能将鸡放开。此法适用于新城疫Ⅱ系和Ⅳ系苗、传染性支气管炎弱毒苗等。

图2-1　滴鼻点眼免疫

2.刺种（图2-2）

此法用于新城疫免疫Ⅰ系苗、鸡痘弱毒苗等的接种。在翅内侧无血管处,用刺种针或消毒过的钢笔尖蘸取稀释的疫苗刺入皮下1~2次。

图2-2　翼膜刺种免疫

3.肌肉、皮下注射（图2-3）

注射器及针尖都要事先煮沸消毒10分钟,注射部位用碘酊或酒精棉球消毒,根据不同疫苗的使用要求,

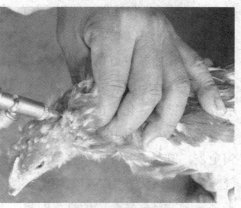

图2-3　颈部皮下注射免疫

肌肉注射的部位可在胸肌或肩关节附近的肌肉丰满处，皮下注射法是将鸡头颈后的皮肤用左手拇指或食指捏起来，针头近乎水平刺入。鸡新城疫Ⅰ系苗和马立克氏病疫苗可进行肌肉和皮下注射。

4. 饮水免疫

此法适用于大群鸡的免疫。免疫时疫苗需用清洁水或凉开水稀释，水的用量根据实际饮水量决定。为使每只鸡充分饮到水，在饮水免疫前2～4小时停止供水（依不同季节酌定），使鸡产生渴感，时间最好选择下午。稀释疫苗的水必须是不含有效氯等能使疫苗灭活的物质，供水器不能用金属容器。饮水中还可加入足量的脱脂奶粉，保护弱毒。用水量：4日龄到2周龄每只鸡4～6毫升；2～4周龄每只鸡12～15毫升；4～8周龄每只鸡20毫升；8周龄以上的为40毫升。整个饮水过程不要超过2～3小时。

5. 胚内免疫

胚内免疫可在孵化种蛋从孵化器转到出雏器的过程中进行。在蛋壳上戳一个孔，在气室底部的膜下面注射疫苗，马立克氏病疫苗最常用此方法。落盘的胚胎日龄不同（一般17～19天），约25%～75%疫苗（0.05毫升/次）注射到胚胎的颈部和肩部，其余25%～75%的疫苗注射到胚胎的其他部位。最初的马立克氏病疫苗胚内免疫试验显示，保护力的产生比出雏后免疫早。使用一台卵内注射机，一般每小时可接种20 000～30 000枚胚。这种免疫方法会在出雏最后几天的鸡胚上留下一个孔，如果是卫生条件差的环境，由于出雏器中细菌或真菌感染，会导致幼雏早期存活率低。更须认真防止曲霉菌污染，这样才会保证卵内注射系统的成功使用。

6. 气雾免疫（图2-4）

用蒸馏水稀释好的疫苗用喷枪喷成极细的雾化粒子，均匀地悬浮于空气中。比较普遍的推荐量为每20 000只免疫鸡用22.7升水。有效的喷雾免疫技术应让鸡接触雾化疫苗5～10秒。最好是在鸡舍缓慢地穿过喷雾相对较粗的雾滴（颗粒大小为100～150微米）。鸡在自然呼吸时，将疫苗吸入肺部而达到免疫，但对鸡的呼吸器官刺激较大，易激发呼吸道疾病。据介绍，在使用气雾免疫前两天，用链霉素喷雾预防，然后再用疫苗喷雾。清晨、傍晚、阴天多云时，是气雾免疫的良好时机。禽类在喷雾免疫后会立即梳理羽毛，虽无数据证明，但有人认为这对产生免疫反应很重要。

图 2-4　气雾免疫

第五节　鸡群免疫失败的原因分析

疫苗免疫接种的成功与失败，不但取决于接种疫苗的质量、接种途径和免疫程序等外部条件，更重要的是取决于机体的免疫应答能力这一内部因素。如果鸡处于免疫抑制状态，疫苗质量再好，免疫方法正确，亦不能达到预防疫病的目的。所以，免疫失败原因归纳起来，包括疫苗因素和非疫苗因素引起的机体免疫抑制两方面。

1. 疫苗方面的原因

疫苗使用不当是最为常见的导致免疫失败的原因。有些活苗，如马立克氏病疫苗，很容易被灭活，如果不能完全按照制造商的操作程序，病毒往往在使用前即已失活。同样，活苗饮水免疫如果操作不当或水中的消毒剂未被去除，疫苗则可能会被灭活。经肌肉或皮下注射的疫苗，若注射部位不正确，同样可导致免疫失败。

虽然免疫失败最常见的原因是疫苗交货不当或错误，但是，还有许多情况是疫苗本身不能提供合适的保护。在有些情况下，野毒的毒力极强，而疫苗又过度致弱，在这种情况下，鸡群的免疫接种是有效的，但产生的免疫力不足以完全抗御疾病；许多传染性病原存在多种血清型，疫苗的血清型与野外流行的血清型不同，对野毒感染不能提供有效的保护，结果导致免疫失败；

传染性支气管炎野毒的血清型与疫苗血清型不一致引起的免疫失败并不少见。

此外，若在同一时间或间隔较短的时间内，给鸡群以同一途径或不同途径接种两种或两种以上的疫苗，机体对其中一种或两种疫苗的免疫应答反应显著降低，这种现象称为疫苗间的干扰。所以，在制订免疫接种计划时，各种疫苗不宜同时使用。产生疫苗干扰的原因是，所有疫苗毒都能诱导所感染的细胞合成干扰素，这种干扰素能抑制这种病毒或其他病毒在同种细胞中的复制，但是不同病毒对于干扰素有不同的敏感性。因此，传染性支气管炎疫苗和新城疫疫苗联合使用时，如果传染性支气管炎病毒量大，将会干扰机体对新城疫病毒的免疫应答，但没有新城疫病毒干扰机体对传染性支气管炎病毒的免疫应答的报道。

2. 非疫苗方面的原因

管理因素对防止免疫失败非常重要，如果一个养鸡厂在引进每批鸡群时不进行彻底清洁消毒，病原因子逐渐积累，某一特定病原量达到一定程度，以致正常的有效免疫程序不能产生保护作用。种鸡群的免疫状态亦直接影响到免疫效果，如果种鸡可为其后代提供高水平的母源抗体，在头两周免疫接种的疫苗可能被中和，因此，在确定幼雏的活苗免疫时机时应考虑母源抗体存在的状况。

某些传染性病原和霉菌毒素具有免疫抑制作用，可引起免疫失败，引起鸡群严重免疫抑制的致病因子包括：传染性法氏囊病病毒、传染性贫血病病毒、马立克氏病病毒、球虫等。试验证实，黄曲霉菌素可引起免疫抑制，导致机体对疾病抵抗力下降。

营养的缺乏特别是维生素 E 缺乏可引起免疫抑制。维生素 E 是一种天然的抗氧化剂，是生物膜的组成部分之一，能保护生物膜，防止膜中的脂肪酸氧化，使细胞免受损伤。实验证明，在饲料中添加 1.5%～3% 维生素 E，新城疫 HI 抗体效价能提高 1 倍，但超过 3% 时就不再有什么好处了。一般饲料中不缺维生素 E，引起维生素 E 缺乏的原因主要是其被饲料中不饱和脂肪酸破坏，在高温季节，饲料易氧化变质，这时容易发生维生素 E 缺乏。

有许多药物能够干扰免疫应答，如肾上腺皮质激素、某些抗生素、消毒药等。肾上腺皮质激素能明显地损伤 T 淋巴细胞，对巨噬细胞也有抑制作用，可增强 IgG 的分解代谢。抗生素、抗病毒药、消毒药可使活疫苗中的细菌或病毒灭活，改变活疫苗的抗原成分，破坏灭活疫苗的抗原性，使疫苗免疫接种失败。抗生素中的卡那霉素等对 B 淋巴细胞的分化增殖有一定抑制作用，能影响病毒疫苗的免疫效果。因此，在接种弱毒活疫苗前后 5 天，应停止使用疫苗敏感和损伤鸡免疫功能的抗生素，同时应避免用消毒药饮水或带鸡喷雾消毒。

第六节　疫苗选择应注意的问题

养鸡业的风险随着疫苗的广泛应用而减少，特别一些烈性传染病如 ND、IBD 得到了很好的控制，鸡疫苗的使用已普及到每一个鸡场养鸡户。但实际生产中，关于疫苗的选择还应注意以下问题。

（1）用什么样的疫苗？疫苗的种类很多，需要接种哪些种类的疫苗，必须根据本地疾病流行情况而定，本地流行的传染病，并且有疫苗供应，同时有预防意义的疾病都应列入防疫计划。有什么病防什么，对当地没有威胁的疾病可以不接种，尤其是毒力强的活毒疫苗。

（2）考虑母源抗体的干扰。根据雏鸡母源抗体高低及均匀度来确定，鸡母源抗体高低直接影响到疫苗的接种效果，母源抗体愈高，接种效果愈差；母源抗体愈低，接种效果愈好，但此时受到外源病原微生物威胁也愈大。根据母源抗体衰减规律，选择一个适当的首免日龄。尤其对鸡新城疫、马立克氏、传染性法氏囊疫苗血清型选择时应认真考虑。

（3）选择疫苗的毒力应由低到高。雏鸡抵抗力弱，免疫器官发育不全，因此，选择疫苗时应从弱、较弱再到中毒力的次序。如新城疫 I 系苗，接种 60 日龄以前的鸡，常会发生较大的反应，甚至会导致发病。

（4）不同疫苗之间的相互干扰。养鸡场不止进行一种病的免疫接种，因此，在使用时必须考虑各个病疫苗接种的互相配合，尽量减轻不良影响。如为了减少鸡只的应激和节省劳力，常把相互间没有干扰作用的不同疫苗同时接种，达到它们单独接种时的免疫效果。但有些疫苗之间有干扰作用，如鸡新城疫和传染性支气管炎接种雏鸡、青年鸡二者的免疫效果都有，不会受到影响，这要求疫苗中两种疫苗毒的毒价比要合适。但接种传染性支气管炎疫苗后一周内接种新城疫，则新城疫的免疫会受到抑制。接种传染性喉气管炎苗后一周内两种疫苗的免疫会受到明显抑制。蛋鸡及种鸡在卵巢发育期（一般 90～120 日龄），接种传染性支气管炎 H_{52} 株会对卵巢的发育造成损伤。雏鸡阶段接种油苗最好用活苗作基础免疫。

（5）减少疫苗的不良反应。①每次接种免疫对鸡来说都是一种应激，接种前后，可添加抗应激药物维生素 C 等，减少应激因素，改善营养条件，如在饲水中加入维生素 E 或多种维生素等以增强其免疫效果。②有些疫苗接种后会出现较强烈的不良反应。例如，禽霍乱弱毒苗接种产蛋鸡，会引起产蛋量的短期下降，如果有其他病甚至会发病死亡；鸡新城疫苗、传染性喉气管炎疫苗的接种，可能会引起较大的反应，使本来就不明显的鸡霉形体或大肠杆菌病发生严重暴发；另外，传染性喉气管炎在点眼免疫时会造成部分鸡一定程度的眼结膜炎及食欲减退，其眼结膜炎严重时可能造成暂时性失明；擦肛接种后 3～5 天见泻殖腔充血水肿，都属于疫苗造成的较强烈反应。因此，应尽量避免使用强毒疫苗。在进行传染性喉气管炎点眼免疫时仅对一只眼点滴。也可在免疫前几天给鸡服用抗生素，以便减轻或防止潜伏疾病的发生。③疫苗的错误使用所造成的不良反应。在疫苗使用过程中，一方面要认清疫苗的种类及疫苗使用的说明，另一方面还要禁止使用强毒疫苗，因为错误使用不仅会造成严重的副反应，而且会造成病毒扩散的严重后果。④灭活疫苗中佐剂引起的不良反应。灭活疫苗使用过多会使注射部位出现不易吸收的硬结，有时还会出现组织坏死或溃疡，这些都是由于灭活疫苗中含有佐剂如氢氧化铝、矿物油佐剂所造成的。因此，在制备灭活疫苗过程中不能匀质的大颗粒成分，采取多点注射方法以减少或避免硬结的形成。⑤对感染或患病鸡进行紧急免疫接种所出现的不良反应。对于健康鸡群和假定健康鸡群，可以进行紧急免疫接种来保护没受感染的鸡群，另一方面也可以应用高免卵黄和抗血清。但是，对于发病鸡群进行活苗紧急接种，有时会导致严重的副作用，加速鸡的死亡；另外，注射高免蛋黄和抗血清有时也会发生过敏反应。因此，紧急接种必须是健康鸡群、假定健康鸡，同时疫苗的用量不宜过大；高免蛋黄和抗血清的制备最好使用本体动物，这样可减少因过敏反应带来的不必要损失。

第三章　鸡常见病的诊治

第一节　常见细菌和真菌性传染病的诊治

一、雏鸡白痢

【流行特点】鸡白痢病是由鸡白痢沙门氏菌引起的细菌性传染病。鸡白痢病的病原体是沙门氏杆菌，革兰氏染色阴性。本菌对热的抵抗力较弱，加热70℃20分钟、100℃1分钟死亡。鸡、火鸡都可感染，幼龄鸡最易感。1～12日龄雏鸡多发，15日龄左右出现死亡高峰，3周龄以后发病减少。经蛋传递是本病的特征。成年患鸡多是长期带菌，其所产的蛋内带菌，并能将此病传给后代。带菌蛋壳碎片、出壳病雏的排泄物也可污染孵化器，使健康雏鸡感染。

【临床症状】多发生于1月龄以内。病雏鸡怕冷、拥挤在一起；眼半闭，缩颈，翅膀下垂；腹痛、腹泻，排白色糊状粪便，常沾染于肛门周围的胎毛，有时见肛门被白色粪便堵塞，发出"吱吱"叫声。

【解剖病变】3～4日龄的病死雏鸡，仅见肝脾轻微肿大；病程稍长的病雏鸡，死后肝肿大，呈土黄色，肝实质中可见针头大黄白色或灰色坏死点，胆囊充满暗紫色的胆汁，盲肠内常有干酪样白色块状物。

【预防】

（1）预防本病的原则是消除带菌鸡和慢性病鸡，建立和培育无白痢种鸡场，同时要加强饲养管理及防疫卫生措施。为此应做到在成年种鸡群中开展鸡白痢检疫工作，应用全血平板凝集试验，隔月检查1次，连续3次，淘汰全部阳性反应鸡，经过3～4次净化检疫后，一般可检出全部带菌鸡；种蛋或种鸡应来源于无白痢鸡场，种蛋入孵前须用甲醛熏蒸或甲醛与高锰酸钾熏蒸消毒。

（2）对幼雏定期应用微生态制剂（如抗痢宝、促菌生等）预防沙门氏菌感染，可获得良好效果。该制剂在鸡肠道内除能竞争性抑制病原菌外，还可使肠道内正常菌群达到微生态平衡从而起到保健和促生长作用，同时不产生耐药性，没有药物残留，使蛋及肉品更加安全可靠。

【治疗】对发病鸡群，根据药敏试验结果，选用高效敏感抗生素，并注意用药及药物残留期蛋及肉品不能做绿色食品。常用的药物及用法用量如下。

（1）氟哌酸，0.01%～0.02%拌入饲料中，连用5～7天。

（2）硫酸庆大霉素针剂，6 000～10 000单位/千克体重，肌肉注射，每天1次，连用3天。

（3）阿米卡星，20毫克/千克体重，肌肉注射，1天2次，连用3～5天。

附：饲料中拌药方法：准确称取需要拌饲的药量，先用0.5千克饲料与其充分混匀，再把混匀的药料与2.5千克饲料充分搅拌均匀，然后再混匀于10千克饲料中，这样逐渐递增饲料的量直到全部拌均匀。

二、鸡伤寒

【流行特点】鸡伤寒是由鸡伤寒沙门氏菌引起的，以肝、脾等实质器官的病变和下痢为特征，发生于成年鸡和青年鸡的败血性传染病。鸡伤寒的病原体是伤寒沙门氏杆菌，革兰氏染色阴性。本病源菌对日光和消毒剂都敏感，但对自然环境有较强的抵抗力。本病主要感染鸡，也可感染火鸡、鸭、鹌鹑、珍珠鸡、孔雀等，主要发生于成年鸡和3周龄以上的青年鸡，3周龄以下的鸡偶尔可发病。病鸡和带菌鸡是主要传染来源，由粪便排出病原菌污染饲料、环境、饮水和用具等，经消化道感染，也可经蛋垂直传播给下一代。其他野禽、苍蝇等可成为本病的传染媒介。1月龄的鸡发病率最高，可达25%左右，死亡率为10%～50%或更高，在本病流行的鸡场，6月龄时，发病率还有3%左右。

【临床症状】主要危害青年鸡和成年鸡。病鸡精神不振，离群，呆立，羽毛蓬乱；急性病例鸡冠肉髯呈暗红色，病程长者苍白并萎缩；呼吸加速；腹泻，粪便黄绿色或黄色，肛门附近羽毛沾染有多量污粪；继发腹膜炎时，表现一种特殊的企鹅样站立姿势。

【解剖病变】肝脏肿大呈古铜色（即棕黄色稍带绿色），质地特别脆，被膜下实质中见有针尖大或粟粒大灰白色或淡黄色的坏死灶；脾脏肿大1～2倍，有时脾肿大不明显但被膜下实质中见有针尖大到米粒大坏死点。

【预防】

（1）必须加强环境和用具的消毒以及饲料和饮水的清洁卫生工作。

（2）鸡群发生鸡伤寒以后，重病鸡应淘汰处理。鸡舍和场地彻底消毒，表层更换新土。轻病鸡隔离治疗，鸡粪每天清除，堆贮发酵。

（3）严禁从疫场购入种鸡、种蛋或雏鸡，消灭传染源与传播媒介。搞好饲养管理，增强鸡体的抵抗力。

（4）可用中草药进行预防，如采用黄芩、艾叶、知母、黄连、黄柏、白矾等中草药的方剂。雏鸡每天每只在饮水中饮服链霉素 0.01 克，也有较好的效果。

【治疗】环丙沙星、恩诺沙星、氧氟沙星、磺胺类和氟哌酸等药物都有较好疗效，有条件的根据药敏试验结果，选择最敏感的药物。

（1）5% 恩诺沙星注射液，每千克体重每次肌注 1 毫升，每天一次，连用 2～3 天。恩诺沙星可溶性粉、恩诺沙星溶液：以恩诺沙星计，50～75 克/升水，连用 3～5 日。

（2）乳酸环丙沙星可溶性粉，以环丙沙星计，每 1 升水用 40～80 毫克，一日 2 次，连用 3 日。

乳酸环丙沙星注射液，以环丙沙星计，一次量，每 1 千克体重用 5 毫升。

（3）氟哌酸，0.01%～0.02% 拌入饲料中，连用 5～7 天。

（4）磺胺类药物，复方磺胺二甲氧嘧啶 0.5 克/千克饲料饲，复方磺胺－5－甲氧嘧啶 0.4 克/千克饲料拌饲，复方磺胺－6－甲氧嘧啶 0.4 克/千克饲料拌饲，连喂 5～7 天。

三、鸡副伤寒

【流行特点】鸡副伤寒是由多种能运动的沙门氏杆菌引起的一种急性或慢性肠道传染病。特征为下痢和各器官出现灶状坏死。本病的病原体为数种血清型沙门氏菌，最主要的是鼠伤寒沙门氏菌，革兰氏染色阴性，具有运动性。该菌在自然环境中有较强的抵抗力，在土壤中可存活 280 天以上，但对大多数消毒药特别是甲醛熏蒸消毒极为敏感，可迅速被杀死。鸡鼠伤寒沙门氏菌广泛存在于哺乳动物，禽类甚至爬行类体内或外界环境中，被污染的饲料，饮水、场地、用具等是重要传染媒介，经消化道传染，也可经带菌蛋传染。鸡感染呈散发型或地方性流行，雏鸡在两周龄内感染发病，6～10 天为高峰，发病率 10%～80%，1 月龄以上的鸡有较强的抵抗力，一般不引起死亡，成年鸡不表现临床症状。

【临床症状】急性败血性副伤寒常发生于孵出后数天内的雏鸡，潜伏期为 12～18 小时，看不到明显的症状。10 天以后的雏鸡发病后，常表现精神委靡、怕冷、羽毛松乱、食欲减退甚至废绝，水样下痢、肛门周围常有稀粪沾污。

【解剖病变】最急性的往往病变不明显，仅见肝淤血肿大，胆囊扩张，充满胆汁。慢性病例病死鸡消瘦，解剖肝脏有灰白色坏死。

【预防】

（1）种鸡场应采取的措施。① 定期进行带菌检查：用灭菌棉棒采取泄殖腔内容物及粪便，培养检菌。② 死亡检查：定期查死胚，死雏，进行细菌培养鉴定。③ 种蛋、孵化器及附件要严格消毒除菌。

（2）一般鸡场的预防措施。广泛调查，首先从无病的孵化场引进雏鸡，鸡舍环境和用具要定期消毒，其次要禁止外人进入育雏舍，饲养员出入要更衣消毒。

【治疗】

（1）5% 恩诺沙星注射液，每千克体重每次肌注 1 毫升，每天一次，连用 2～3 天。恩诺沙星可溶性粉、恩诺沙星溶液：以恩诺沙星计，每 1 升水 50～75 克，连用 3～5 日。

（2）乳酸环丙沙星可溶性粉，以环丙沙星计，每 1 升水用 40～80 毫克，一日 2 次，连用 3 日。乳酸环丙沙星注射液，以环丙沙星计，一次量，每 1 千克体重用 5 毫克。

（3）复方泰乐菌素，0.04% 拌入饲料，连用 7～10 天。

（4）土霉素、金霉素或四环素，按 0.2% 拌入饲料，连用 7 天。

（5）氟哌酸，0.01%～0.02% 拌入饲料，连用 5～7 天。

四、禽霍乱

【流行特点】禽霍乱也称禽巴氏杆菌病或禽出血性败血病，是各种禽类都能感染的急性败血性疾病。禽霍乱的病原体是一种禽型多杀性巴氏杆菌，革兰氏染色阴性。本菌的抵抗力较弱，在土壤或腐败尸体中，能存活 3 个月。在 5% 石灰水、1% 漂白粉液、50% 酒精、0.02% 升汞液中 1 分钟即可杀死。加热 60℃ 10 分钟或在阳光直射下很快死亡。本病病原是一种条件致病菌，可存在于健禽的呼吸道中，当饲养管理不当、气候突变、饲料中缺乏维生素、蛋白质、矿物质等引起营养不良以及其他疾病发生，致使机体抵抗力下降，而引起内源性感染。

病死禽及康复带毒禽、慢性感染禽是主要传染源。主要通过消化道、呼吸道及皮肤伤口感染。动物感染非常广，鸡、鸭、鹅、火鸡及其他家禽，以及饲养、野生鸟类均易感。家禽中以火鸡最为易感。鸡以产蛋鸡、育成鸡和成年鸡发病多，雏鸡有一定抵抗力。

本病一年四季均可发病，但以春、秋两季发生较多。

【临床症状】自然感染病例潜伏期一般为2~9天，最短的仅有几分钟，根据病程可分为最急性型、急性型和慢性型3种，临床上以急性病例最为常见。主要表现为精神不振，羽毛蓬乱，缩颈闭眼，不愿走动，离群呆立；剧烈腹泻，粪便为黄绿色或灰黄色；鸡冠、肉髯呈暗红色甚至黑紫色，鼻腔分泌物增多；最后衰竭而死。

【解剖病变】皮下组织和腹腔脂肪点状出血，肠系膜、浆膜等有大小不等的出血斑点，十二指肠出血性炎症；肝脏稍肿大，并散在有灰黄色或灰白色针尖大到粟粒大的坏死灶，有时见有点状出血；心外膜上有出血点，心脏冠状沟脂肪也有大小不等的出血点。

【预防】

（1）鸡场应建立严格的饲养管理和防疫卫生制度，引进鸡时应加强检疫，隔离观察两周以上，确定无病方可合群。

（2）受到威胁的鸡群可用药物进行预防。

（3）接种疫苗。常发病的地区，用疫苗预防有一定的效果，但由于各地流行的菌株其血清型不同，免疫预防效果也不同，所以制苗时应使用当地分离的菌株。

【治疗】敏感性药物对本病有较好的治疗效果。

（1）喹乙醇，按病鸡每千克体重20~30毫克计算，如拌料按0.03%~0.05%，每日1次口服，连用3~5天。

（2）磺胺二甲基嘧啶、磺胺喹噁林以及磺胺甲氧嗪等，都有较好疗效。在病鸡饲料中添加0.5%磺胺二甲基嘧啶，或在饮水中混入0.1%磺胺二甲基嘧啶，连喂3~4天。成年鸡每只口服磺胺甲氧嗪0.2~0.3克，每日1次，连喂 3~4 天。或在饲料中添加 0.4%~0.5%，每日喂给 1 次，连喂 3~4 天。

（3）青霉素、链霉素、土霉素、氟哌酸等常见抗菌素都有较好的疗效。

青霉素、链霉素每只鸡肌肉注射 5 万~10 万单位，每日注射 2~3 次，连用 3~4 天。土霉素每千克体重 50~100 毫克，内服，或在饲料中添加 0.1%~0.2%，连用 3 天以上。氟哌酸，0.04% 拌料，连用 5~7 天。

（4）抗巴氏杆菌血清。在鸡群发生霍乱时，用抗巴氏杆菌病血清（多价或单价），每只鸡皮下注射 5~10 毫升，在早期应用有良好效果。如再配合抗菌药物治疗效果更好。

五、鸡大肠杆菌病

【病原及流行特点】鸡大肠杆菌病是鸡的一种原发或继发性传染病。以出现急性败血症、肠炎、气囊炎、腹膜炎、纤维素性渗出和肉芽肿等病变为特征。鸡大肠杆菌病的病原体为大肠埃希氏杆菌，革兰氏染色阴性。大肠杆菌在自然界广泛存在，特别是畜禽肠道中大量存在。鸡的致病性大肠杆菌有 O、K、H 三种抗原，各有若干个抗原血清型，组合成多种血清型。其中不同抗原、不同血清型与病型有密切关系。鸡的致病性大肠杆菌血清型多为 O_1、O_2、O_{78}，它们不仅存在于病鸡体内，也可从健康鸡的肠道分离出来。因此，病原性大肠杆菌在自然界也广泛存在。

大肠杆菌可引起各种类型和不同日龄的鸡发生感染，以幼鸡和产蛋鸡为主。病鸡和带菌鸡是主要传染来源，传播途径主要有：垂直传播即经卵传递，有卵内感染和卵外感染两种方式；呼吸道传播，大雏或成年鸡的气囊病或败血症，多经呼吸道感染；经口感染，由产生内毒素的大肠杆菌引起的急性出血性肠炎及全身的出血性变化，可经口感染，肉鸡由大肠杆菌引起的败血症可因水源及饮水器的污染而发生，在实践中应加以重视。本病常易成为其他疫病（新成疫、败血支原体、传染性支气管炎、喉气管炎、传染性法氏囊病）的并发病或继发病，在寒冷、通风不良、饲养密度过高、营养不平衡等条件下都可使病情加重，已成为养鸡业中最为普遍和严重的疾病之一。

【临床症状】种蛋中的大肠杆菌由种鸡的卵巢及输卵管以及通过污染的种蛋而侵入的，这些种蛋勉强孵出的雏鸡，临床表现卵黄吸收不良，脐炎，排白色泥状稀便，腹部膨胀、下垂，一些地方俗称"大肚脐"。

败血性大肠杆菌病多见于6~10周龄的蛋鸡和肉种鸡，以冬季寒冷季节多发，临床常见有呼吸器症状即张嘴呼吸，但无颜面浮肿和流鼻汁症状；有的精神沉郁，嗜睡，厌食，排黄、白稀粪，消瘦。

产蛋鸡临床主要表现为精神沉郁、眼凹陷，食欲减少或废绝，腹泻，肛门周围的羽毛粘有黄白色恶臭的排泄物。

【解剖病变】出壳后死亡的雏鸡，一般卵黄膜变薄，呈黄色泥土状或有干酪样颗粒混合，4日龄后感染可见心包炎，但急性死亡的则见不到解剖病变。败血性的病死鸡往往营养良好，有时无明显解剖病变。纤维素性心包炎和肝周炎为特征病变，即心包膜混浊增厚，心包液内有纤维素性渗出，液体逐渐减少，最后心包膜与心脏粘连不易分离。肝包膜炎，肿大，包膜肥厚、混浊、纤维素沉着（图3-1）。成年产蛋的病鸡，可见腹腔积有大量卵黄凝固物，形成的广泛的腹膜炎，造成脏器和肠管互相粘连（图3-2），散发出恶臭气味。卵泡出血、变形、萎缩；输卵管内有多量黄色絮状或块状干酪样分泌物。

图3-1　大肠杆菌病：
肝脏表面黄色纤维素性渗出物

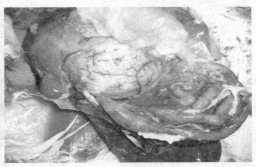

图3-2　大肠杆菌病：
卵黄性腹膜炎

【预防】

（1）加强日常的饲养管理。严格根据要求，控制好鸡的饲养密度。每周清理粪便两次，加强通风，以保障鸡舍的空气清新，尤其在冬季，往往为了保温，引起换气不良，鸡舍空气中氨和尘埃增多，刺激鸡的呼吸道黏膜，再加上大肠杆菌也多，容易引起感染。

（2）切断传染源。做好种蛋、孵化器的消毒工作，防止种蛋带菌传播，鼠粪是致病性大肠杆菌的主要来源，应经常注意灭鼠，有条件的单位或个人对饲料原料尤其是鱼粉要进行大肠杆菌的定量分析，防止饲料致病菌的超标而引起感染。

（3）接种疫苗。目前市场上有大肠杆菌灭活疫苗销售，但效果不尽如人意，主要原因是市售疫苗中大肠杆菌的血清型和发病场大肠杆菌血清型不符或含量不足。有条件的鸡场，可以用本场或本地分离的大肠杆菌做成灭活疫苗，进行免疫接种。

【治疗】可用抗生素或磺胺类药物进行对症治疗，常用的有庆大霉素、氟哌酸、金霉素、卡那霉素、链霉素、土霉素、复方新诺明等。

（1）氟哌酸按 0.02%～0.04% 的比例拌入饲料中，或在饮水中加入 0.01%～0.02%，连续喂 7 天。

（2）土霉素，按 0.2% 的比例拌入饲料中喂服，连喂 3～4 天。

（3）卡那霉素，肌肉注射，每千克体重 30～40 毫克，每天 1 次，连用 3 天。

（4）链霉素注射液，肌肉注射，每千克体重 7.5 万单位，每天 1 次，连用 3 天。

（5）庆大霉素，饮水，每只 2 000～4 000 单位，每日 2 次，1 小时内饮完，病重的用滴管灌服，疗程 7 天。

（6）复方禽菌灵散剂按 0.6% 混入饲料，连服 2～3 天，片剂每千克体重 0.6 克，日服 2 次，连服 2～3 天，预防量减半。

总之，大肠杆菌病如同尘埃，是无处不在、无孔不入的，必须高度重视、常抓不懈、综合防治，才能奏效。

六、鸡传染性鼻炎

【流行特点】鸡传染性鼻炎是由鸡嗜血杆菌引起的鸡的急性或亚急性上呼吸道疾病。本菌的抵抗力很弱，离开宿主体后生存时间短。如病鸡排泄物中的病菌，在自来水中 4 小时，即失去致病性。病菌培养物在 45～55℃下，经 2～10 分钟被杀死。冻结干燥保存可存活 10 年。一般消毒药品都可杀死本菌。本病发病以秋、冬、春初为高发季节，温差大，密度过大，通风不良等应激因素可导致本病的发生和流行，可感染任何日龄的鸡，以青年鸡和成年产蛋鸡发生最多。病鸡和隐性带菌鸡是主要传染源，传播方式主要是病鸡咳出的飞沫和分泌的鼻液带菌污染空气、饲料、饮水和用具，被健康的鸡接触后经上呼吸道黏膜接触而感染。

【临床症状】各种年龄的鸡都可感染，但以青年鸡多发。病鸡常表现流鼻液，面部肿胀，打喷嚏。也常见呼吸困难和啰音。突出的临床症状是，病初鼻腔先流出稀薄的清水样鼻涕后转为浆液性鼻液。病程的中、后期鸡鼻腔中流出黏液性分泌物，且具有难闻的臭味，这种分泌物干燥后在鼻孔周围形成黄色结痂，堵塞鼻孔。同时眼睑与面部出现一侧或两侧水肿，并流泪。严重的整个头肿大，眼陷入肿胀的眼眶内形似"鹦鹉"头，个别鸡水肿蔓延到肉垂，尤以公鸡明显。

【解剖病变】鼻腔眶下窦常有卡他性炎症，鼻腔黏膜潮红、水肿，内有大量黏液性分泌物。一侧或两侧眶下窦肿胀，窦腔内充满浆液性、脓性或干酪样渗出物。结膜发炎导致眼睑的黏膜和结合膜囊内堆积了乳酪状分泌物。

【预防】

（1）本病不通过胚胎传播，病原体在外界极易死亡，若无带菌鸡则不难预防，所以一个鸡舍应采用"全进全出"和饲养批次之间彻底清洁、消毒来防治该病。

（2）严格执行人员、用具、车辆卫生管理制度。对病死鸡要焚烧或深埋。

（3）寒冷季节要处理好保温和通风的关系，必要时可在室内生火保温，但要保证通风，至少也要定期排风。

（4）在容易患病的寒冷季节或疫区，可以采用饲料中添加抗生素进行预防并增加维生素 A 的供给量。

（5）接种疫苗。目前使用的疫苗多为单价或双价油剂灭活疫苗。一般是在 6 周龄进行首免，开产前进行二免，分别肌肉注射 0.1 毫升，维持半年到一年。

【治疗】

（1）链霉素，0.1%～0.2% 混水饮用，连喂 3～5 天为 1 个疗程。混料 50～100 克/吨饲料，连喂 3～5 天。

（2）磺胺嘧啶，0.2%～0.5% 拌入饲料中，连喂 3～5 天。

（3）磺胺二甲基嘧啶，0.2%～0.5% 拌入饲料中，连喂 3～5 天。

（4）红霉素或泰乐菌素，混料，10～50 克/吨，或饮水 0.4%～0.6%，连用 3～5 天。

七、鸡支原体病

【流行特点】鸡支原体病的病原是鸡败血支原体和滑液囊支原体。它是介于病毒和细菌之间，没有细胞壁的一种微生物。鸡支原体的自然感染发生于鸡和火鸡，尤以4～8周龄雏鸡最易感。病鸡和隐性感染鸡是本病的传染源，通过飞沫或尘埃经呼吸道吸入而传染。但经蛋传染常是此病代代相传的主要原因，在感染公鸡的精液中，也发现有病原体存在，因此配种也可能发生传染。

本病一年四季均可发生，但以寒冬及早春最严重，一般本病在鸡群中传播较为缓慢，但在新发病的鸡群中传播较快。一般发病率高，死亡率低。

【临床症状】幼鸡发病时典型的症状主要表现为：初期很少见到流鼻液，鼻孔周围附着有饲料，只有挤压鼻孔上部鼻翼时可见鼻汁；鼻汁和污物混合堵塞鼻孔时，因妨碍呼吸，临床可见鸡频频摇头；如若引起鼻甲骨或气管黏膜炎症，黏液量增加致使呼吸困难，临床表现为张口呼吸、喷嚏、咳嗽和呼吸啰音，注意以上呼吸器异常音，白天由于噪音常难分辨，夜间鸡群安定后容易听到；有的病鸡开始眼睛湿润继而流泪，逐渐出现眼睑肿胀，这样随着时间的推移眶下窦中蓄积物的水分渐渐被吸收呈干酪样，大量干酪物压迫眼球，使上下眼睑粘合凸出成球状。滑液囊支原体可见患鸡跗关节和趾关节肿大（图3-3）、发热，不能站立，有的病例关节周围、胸部有鸽蛋大的疱疹。患鸡精神沉郁，生长缓慢，常因饥饿和同群鸡踩踏而死亡。

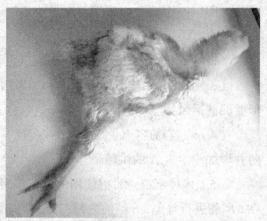

图3-3　滑液囊支原体：跗关节肿大不能站立

【解剖病变】切开肿胀的眼睛，可挤出黄色的干酪物凝块，呼吸器症状明显的病鸡，特征性的解剖有：胸腹气囊灰色混浊、肥厚"呈白色塑料布样"，有的气囊内有黏稠渗出物或黄白色干酪样物；鼻黏膜水肿、充血、肥厚，窦腔内存有黏液和干酪样渗出物。滑液囊支原体患病关节囊内充满灰白色或黄白色黏稠渗出液；慢性病例渗出物凝固呈干酪样。

【预防】支原体是最常见，也是最难根除的，因为本病可以经蛋垂直传播，也可水平传播，可以单独发生，也可以并发或继发于其他的疾病。

（1）引进健康雏鸡时，要选择无支原体污染的种鸡场。

（2）鸡舍和用具在入雏前按消毒的规定彻底清洗消毒，以每一个鸡舍为一个隔离单位，保持严格的清洁卫生。

（3）以每一个鸡舍或一个鸡场为一个隔离单位，采用"全进全出"制度。

（4）从1日龄起，执行周密的用药计划，每逢免疫接种疫苗后3~5天内用金霉素、泰乐菌素、红霉素等药物中的一种，以预防和抑制支原体的发生。

【治疗】

（1）强力霉素，0.01%~0.02%混入饲料，连服3~5天。

（2）红霉素，0.01%混水饮用，连喂3~5天。

（3）泰乐菌素，0.5克/升混水饮用，连喂5~7天。

（4）恩诺沙星，每50千克水中加入3~4克饮水，一天两次，连喂5~7天。

（5）复方禽菌灵散剂，按0.6%混入饲料，连服2~3天，片剂每千克体重0.6克，日服2次，连服2~3天，预防量减半，每15天1次。

八、鸡曲霉菌病

【流行特点】禽曲霉菌病是由曲霉菌引起的鸡、鸭、鹅、火鸡、鸽等禽类的一种真菌病。主要的病原体为烟曲霉。多见于雏鸡。

曲霉菌的孢子广泛分布于自然界，禽类常因接触发霉饲料和垫料经呼吸道或消化道而感染。各种禽类都有易感性，以幼禽的易感性最高，常为急性和群发性，成年禽为慢性和散发。曲霉菌孢子易穿过蛋壳而引起死胚，或出壳后不久出现症状。孵化室严重污染时新生雏可受到感染，几天后大多数出现症状，一个月基本停止死亡。阴暗潮湿鸡舍和不洁的育雏器及其他用具、梅雨季节、空气污浊等均能使曲霉菌增殖而引起本病发生。

【临床症状】雏鸡对烟曲霉菌非常敏感，常呈急性暴发。出壳后的雏鸡在进入被曲霉菌污染的育雏室后48小时，即可开始发病死亡，4~7日龄是发病的高峰阶段，以后逐渐减少一直持续到一个月龄。

病初精神不振、食欲减退、饮水量增加、羽毛蓬乱、对外界反应淡漠，接着出现病雏张口吸气，气管啰音，打喷嚏，很快消瘦，精神委顿、拒食，闭目昏睡，最后窒息死亡。眼睛受感染的雏鸡，可见结膜充血肿胀，眼睑下有干酪样凝块。

图3-4　曲霉菌病：气囊黄色结节

【解剖病变】急性死亡的幼雏，一般看不到明显的病变。时间稍长的病例，特征的病变是：肺、胸腔、气囊等脏器，有灰白色或黄白色粟粒大至黄豆大的结节（图3-4），有的结节呈绿色圆盘状。

【预防】本病的关键是不使用发霉的垫料和饲料，垫料要经常翻晒，妥善保存，尤其是阴雨季节，防止霉菌生长繁殖。种蛋、孵化器及孵化室均按卫生要求进行严格消毒。

育雏室应注意通风换气和卫生消毒，保持室内干燥、清洁。长期被烟曲霉污染的育雏室、土壤、尘埃中含有大量孢子，雏禽进入之前应彻底清扫、换土和消毒。

【治疗】

（1）制霉菌素，100只鸡一次用50万单位，每日2次，连用2天。

（2）克霉唑，内服每千克体重20毫克计算，每日三次，连用5~7天。

（3）1：2 000至1：3 000硫酸铜溶液或0.5%~1%碘化钾溶液饮水连用3~5天。

九、鸡念珠菌病

【流行特点】鸡念珠菌病是由白色念珠菌引起的一种霉菌性传染病。取病变部位的棉拭子或刮屑、痰液或渗出物等涂片，可见革兰氏阳性，有芽生酵母样细胞和假菌丝。

各种家禽和动物都能够感染，主要发生在鸡、鹅和火鸡。在自然条件下，本病主要发生在幼龄的鸡、鹅、火鸡、珠鸡和鸽等禽类，不论何种禽类，幼龄的发病率都比老龄的高。本病主要通过消化道感染，也可经蛋壳感染。过多地使用抗菌药物，容易引起消化道正常菌群的紊乱，而诱发本病。此外，饲养管理条件不好和饲养配合不当，维生素缺乏导致抵抗力降低，以及天气湿热等，都是促使本病发生和流行的因素。

【临床症状】病鸡精神委靡，羽毛松乱，食欲减退。嗉囊胀大，触摸时有柔软松弛感，用力挤压时有酸臭气体和内容物从口腔流出。病鸡日渐消瘦以致死亡。

【解剖病变】常见口腔、咽部、上颚、食管尤其是嗉囊有小白点，病程稍长者白点扩大形成灰白色、黄色或褐色干酪样物或伪膜，剥离时可见糜烂或溃疡。腺胃黏膜肿胀、出血，表面附有脱落的上皮细胞和黏液。

【预防】改善鸡群的卫生条件，避免长期不间断地使用抗生素。

【治疗】改善饲养管理及卫生条件，并可对症治疗，将病鸡口腔黏膜的假膜刮去，溃疡不可用碘甘油等消毒药物涂擦，嗉囊中灌入数毫升 2% 硼酸溶液。

（1）饮水中加入 1∶2 000 硫酸铜，连续 1 周。

（2）制霉菌素，按每千克饲料加 0.2 克，连用 2～3 天。

（3）克霉唑，按每千克饲料 300～500 毫克，连用 2～3 周。

十、鸡弧菌性肝炎

【流行特点】鸡弧菌性肝炎是鸡的一种细菌性疾病。鸡弧菌性肝炎的病原体是弧菌，亦称空肠弯曲菌，革兰氏染色阴性。本菌能耐受温度变化及长时间的保存，卵黄囊培养物放 37℃下 2 周后仍存活，在 −25℃下至少可保存 2 年。本病可感染鸡和火鸡，可发生于各日龄的鸡群，但以开产前后的鸡易感。病鸡和带菌鸡是主要传染源，通过其粪便污染饲料、饮水、用具及周围环境，经消化道感染健康鸡，多为散发或地方性流行。饲养管理不良、应激（转群、注射疫苗、气候突变等）、新城疫、败血支原体、大肠杆菌病、鸡痘、球虫病以及滥用抗生素药物致肠道菌群失调等，都可促使本病的发生。

【临床症状】主要发生于开产前和开产后母鸡。该病发病缓慢，病程长，平时不被人们所注意，临床引起产蛋率逐渐减少以及死亡及淘汰鸡增加。慢性病重的鸡常表现腹泻、羽毛蓬乱、消瘦，鸡冠萎缩。

【解剖病变】特征性病变常表现于肝脏的变形和坏死，往往可见如下几种情况：肝肿大，褪色；肝肿大、有斑点状出血或血肿，有的血肿破裂后引起肝脏被凝血块覆盖；局部或整个肝脏出现黄色星状坏死灶（图 3-5）；病程长的肝脏硬化、萎缩。

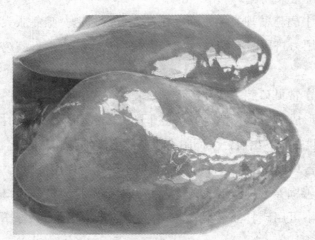

图 3-5 弧菌性肝炎：肝脏黄色星状坏死

【预防】

（1）强饲养管理和卫生管理，保持鸡舍的通风和清洁卫生。

（2）保持鸡舍内合适的温湿度、饲养密度和光照。供给鸡只营养丰富的饲料，精心饲养。

（3）严格对鸡舍内外、饮水、饲料及用具等的消毒。青年鸡和成年产蛋鸡应加强粪便的清除，防止细菌滋生。

【治疗】

（1）恩诺沙星，50 毫克 / 升，饮水，每天 2 次，连用 3～5 天。

（2）丁胺卡那霉素，20 毫克 / 千克体重，肌肉注射，每天 2 次，连用 3～5 天。

（3）强力霉素，按 200 克 / 吨浓度拌料，连喂 3～5 天。

（4）痢菌净，1∶50 000 浓度拌料饲喂，连喂 5 天。

（5）喹诺酮类，如氟哌酸、恩诺沙星、环丙沙星、氧氟沙星等，每 1 克原粉加水 15～20 千克，连用 3～5 天。

十一、鸡坏死性肠炎

【流行特点】鸡坏死性肠炎是由魏氏梭菌引起的一种传染病。鸡对本病易感，尤以 1～4 月龄的蛋雏鸡、3～6 周龄的肉仔鸡多发。本病的病原菌广泛地存在于自然环境中，主要在粪便、土壤、灰尘、被污染的饲料和垫料以及肠道内容物中。传播途径以消化道为主。一般多为散发。

【临床症状】多发生于2~5周龄平养的雏鸡，病鸡精神委顿，食欲减退或消失，羽毛蓬乱，腹泻，粪便呈黑褐色，混有血液。

【解剖病变】主要在小肠，尤其是空肠和回肠，肠管肿胀呈灰蓝色或污黑绿色（图3-6），肠壁菲薄，肠黏膜脱落，形成假膜，肠内容物呈血样乃至煤焦油样，充满气体；肝、脾肿大出血，有的肝表面散在着灰黄色坏死灶。

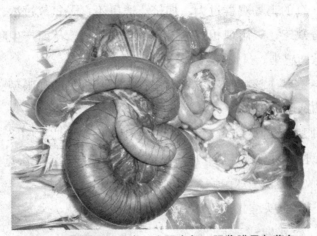
图3-6　坏死性肠炎：小肠充气，肠浆膜呈灰蓝色

【预防】加强鸡群的饲养管理，不喂发霉变质的饲料；搞好鸡舍的清洁卫生和消毒工作；对地面平养的鸡群搞好球虫病的预防。

【治疗】常用的抗生素有青霉素、卡那霉素、庆大霉素、泰乐菌素等。青霉素G雏鸡饮水，每天每只鸡2 000国际单位，1~2小时饮完，连用4~5天。

十二、鸡葡萄球菌病

【流行特点】鸡葡萄球菌病是由葡萄球菌引起的一种鸡急性或慢性的非接触性传染病。鸡葡萄球菌病的病原体为葡萄球菌，革兰氏染色阳性。

鸡葡萄球菌可侵害任何年龄的鸡，甚至鸡胚都可以感染。虽然4周龄到6周龄的雏鸡对其极为敏感，但实际上此病发生在40日龄到60日龄的鸡最多。金黄色葡萄球菌广泛分布在自然界的土壤、空气、水、饲料、物体表面以及鸡的羽毛、皮肤、黏膜、肠道和粪便中，季节和品种对本病的发生无明显影响，平养和笼养都有发生，但以笼养为多。本病的主要传染途径是皮肤和黏膜的创伤，但也可通过直接接触和空气传播，雏鸡通过脐带感染也是常见的途径。

造成鸡外伤的原因很多。例如：网上育雏时，网片陈旧，铁丝脱焊，或者捆扎时两端处理失当，出现"毛刺"，鸡在网上行走或飞翔时很容易被刺伤或扎伤。有的网眼过大，连接处缝隙过宽，常夹住鸡脚而致伤。有时鸡进入料槽流水线内吃食，由于其运转，也常被扎伤或夹伤。日常管理中，刺种疫苗时消毒不严，可造成感染；给鸡带翅号、断喙或转群过程中，操作粗暴也可造成外伤。有的鸡场鸡群过大、拥挤，通风不良，氨气过浓，光照过强，某种营养成分缺乏，鸡出现相互啄毛、啄肛的现象，从而产生啄伤。这些都可造成葡萄球菌感染。

【临床症状】该病临床上具有多种类型，常见的如眼型、败血型、关节炎型及葡萄球菌病。

（1）眼型葡萄球菌病。主要表现为上下眼睑肿胀，闭眼，有脓性分泌物积留，病程长的可见肉芽肿，眼球下陷失明，最终多因无法觅食饥饿而死。

（2）败血型葡萄球菌病。病鸡精神委顿，低头缩颈呆立，食欲减退。濒死期或死后的鸡，在胸腹部、大腿和翅膀内侧等可见皮肤湿润（图3-7），相应的部位羽毛潮湿易掉，皮肤呈青紫色或深紫色，皮下疏松组织较多的部位触之有波动感，皮下潴留数量不等的渗出液。有时仅见翅膀内侧、翅尖或尾部皮肤形成大小不等的出血、糜烂和炎性坏死。

图3-7　鸡葡萄球菌病：翅部皮下湿润，皮肤呈青紫色

（3）关节炎型及葡萄球菌病。3周龄以上的雏鸡，多见跗关节及其邻近的腱鞘或趾关节肿胀发热，病禽跛行，不愿走动。

【解剖病变】败血型的病死鸡局部皮肤增厚、水肿，切开皮肤可见数量不等的紫红色液体，胸腹部肌肉出血。内脏器官多无肉眼可见的病变。

患有葡萄球菌性关节炎的病鸡，解剖可见多个关节液呈灰白色、灰黄色浑浊的凝乳状；慢性病例可见关节软骨上出现糜烂及化脓的干燥样物。

【预防】

（1）加强雏鸡及青年鸡舍的消毒，保持鸡舍环境的清洁，避免鸡舍湿度过高。因湿度大，细菌容易增殖，在条件成熟时，引起鸡患病。

（2）改善管理，皮肤外伤是病菌侵入的门户，管理上应注意尽量减少鸡的外伤。

（3）其他疾病的预防，传染性法氏囊病能抑制免疫系统，腺病毒可能降低鸡体抵抗力，应注意预防感染慢性病。

【治疗】对葡萄球菌有效的药物有青霉素、广谱抗生素和磺胺类药物，但耐药菌株比较多，尤其是耐青霉素的菌株比较多，治疗前最好先做药敏试验。无此条件时，首选药物是新生霉素，其次是卡那霉素、庆大霉素。如选用的药物治疗效果不明显，应及时换另一种药物，或酌情同时用几种药物治疗。

（1）硫酸新生霉素片剂，70～140毫克／千克混饲内服，连用5～7天。饮水浓度35～70毫克／千克，连饮5～7天。局部脓疡可用1 000倍稀释的高锰酸钾温热溶液洗净，涂以紫药水。

（2）硫酸庆大霉素，6 000～10 000单位／千克体重，肌肉注射，每日2次，连用3天。

（3）硫酸卡那霉素粉针，肌肉注射，每千克体重10～15毫克，每日2次；饮水浓度以50～100毫克／升，让鸡饮服。

（4）氟哌酸，0.04%拌料，连用5～7天。

（5）四环素或金霉素，每只鸡100～200毫克内服，或按每千克饲料中加入0.2～0.5克喂服。

（6）磺胺嘧啶、磺胺二甲嘧啶，按0.4%～0.5%量混入饲料中喂服；磺胺-6-甲氧嘧啶按0.5%量混入饲料中喂服；磺胺喹噁啉按0.05%～0.1%量混入饲料中喂服，注意产蛋鸡应慎用。

第二节　常见病毒性传染病的诊治

一、鸡马立克氏病

【流行特点】马立克氏病是由马立克氏病毒引起的淋巴细胞增生性传染病。以外周神经以及性腺、虹膜、各种骨脏、肌肉和皮肤的单核细胞浸润以及肿瘤形成为特征。病毒4℃经2周，37℃保存18小时，56℃保存30分钟，60℃保存10分钟可将病毒灭活。病鸡粪与垫草在室温下可以保持传染性达16周之久。一般的消毒液可在10分钟内杀死病毒。

鸡是马克氏病最重要的宿主。1日龄雏鸡的易感性比成年鸡大1 000～10 000倍。一般感染日龄越早，发病率越高，但发病率和死亡率差异较大，发病率为5%～80%，死亡率和淘汰率为10%～80%。病鸡和隐性感染鸡是主要的传染源，呼吸道是病毒进入体内的最重要途径，但本病通过垂直传播的可能性极小。

【临床症状】感染鸡多在2个月开始表现出临床症状，三个月后最明显。神经型的由于坐骨神经受到侵害，临床表现为一肢或两肢发生完全或不完全麻痹，特征是病鸡一只脚向前伸，另一只脚向后伸呈"劈叉"姿势（图3-8）。内脏型的，临床主要表现为食欲减退、进行性消瘦、贫血及绿色下痢。

图3-8　神经型马立克病腿劈叉状

【解剖病变】常见坐骨神经横纹消失，呈灰白色或黄白色水肿，有时呈局限性或弥漫性肿大，为正常的2～3倍；肿胀往往是单侧的，可与另一侧神经对照检查。临床常见的症状是病死鸡极度消瘦，解剖除肝脏、脾脏、心脏、肾脏、卵巢等脏器有大小不等的灰白色结节状肿瘤病灶（图3-9）外，腺胃壁增厚，腺体间或腺体内有大小不等的突出于表面的肿瘤，病重的往往可见有腺胃黏膜及乳头出血，甚至形成溃疡。

图 3-9　鸡马立克氏病：肝脏肿瘤

【防治】

（1）卫生防疫措施。①孵化室的消毒：在孵化前一周，应对孵化器及附件进行消毒，首先用清水洗净内部及附件，待晾干后，用福尔马林（含 40%的甲醛溶液）、高锰酸钾进行熏蒸消毒，每立方米体积用高锰酸钾 7 克，福尔马林（含 40% 的甲醛溶液）14 毫升，水 7 毫升，熏蒸时将福尔马林及水先倒入一个陶瓷容器中，然后迅速倒入高锰酸钾，关闭孵化器的门密闭 10 小时以上。②种蛋的消毒：种蛋入库后，及时用甲醛、水、高锰酸钾按以上方法进行熏蒸半小时。③初生雏鸡的消毒：种蛋从孵化器转入出雏器后，同样采用甲醛每立方米 7 毫升、高锰酸钾 3.5 克、水 3.5 毫升按以上方法熏蒸消毒 30 分钟。④育雏期的预防措施：雏舍及笼具在进雏前一周，进行彻底的卫生清扫和残留粪便的清理，然后用一般的消毒液（尽量选择对笼具无腐蚀作用的消毒液）进行清洗，晾干后，按常规消毒。育雏期间定期进行雏舍的环境消毒，饮水器应每天清洗一次，雏舍地面要经常清扫，每周用 2% 的火碱喷洒消毒一次。

（2）疫苗预防。由于 1～30 日龄雏鸡最容易感染马立克氏病毒，所以疫苗的接种必须在 1 日龄进行。

二、鸡新城疫

【流行特点】鸡新城疫是由鸡副黏病毒引起的一种急性、高度接触性传染病。本病毒抵抗力较强，28℃外界环境中可存活 55 天；55℃加热 45 分钟或 60℃加热 30 分钟，病毒失去感染力；25% 的火碱、10% 的福尔马林（含 4%

的甲醛），3～5分钟可杀死病毒。抗菌素对本病毒无抑杀作用。

在自然条件下，本病主要发生于鸡、鸽子和火鸡，鹅、鹌鹑、鸵鸟、孔雀也会发生。传染源主要是病鸡和带毒鸡，病原也可以通过其他的禽类以及被污染的物品用具，非易感动物和人传播。自然途径感染主要经呼吸道和消化道，其次是眼结膜，也可经外伤及交配传染。一年四季均可发生，但以冬春季发生较多，尤其是春节前后流行频繁。

【临床症状】发生于各日龄的鸡。急性病例主要表现：病初体温升高，一般可达43～44℃。采食量下降，精神不振。眼半闭或全闭呈昏睡状态。鸡冠、肉髯呈暗红色或紫黑色。呼吸困难，常张嘴伸颈呼吸。腹泻，粪便呈黄绿色，恶臭。病程后期，鸡群中可见一定比例的后遗症病鸡，表现为：腿麻痹或头颈歪斜。有的鸡看起来和健康鸡一样，但当受到外界惊扰等刺激时，则突然向后仰倒，全身抽搐或就地转圈，过几分钟后又恢复正常。开产前使用过鸡新城疫油剂灭活疫苗的鸡群，开产后，较长时间没有进行弱毒疫苗的黏膜局部免疫，容易发生非典型新城疫，一旦发生往往鸡群整体情况良好，个别发病鸡的临床症状较轻微，主要表现为呼吸道症状和神经症状，褐色蛋褪色成土黄色或纯白色，数量随病程的延长而增加，同时产蛋量明显下降，软蛋增多，少数鸡发生死亡，仔细观察粪坑有黄绿色稀粪存在。

【解剖病变】典型病例特征性病理变化是腺胃乳头出血（图3-10），胃壁肿胀，覆盖有淡灰色黏液；用手挤压乳头，常流出白色豆渣样物质。食道与腺胃交界处有小点出血，腺胃与肌胃之间有带状出血，有时有溃疡。肌胃角质膜下黏膜出血。十二指肠黏膜有大小不等的出血点，病程稍长者可见岛屿状出血，严重者形成溃疡。两盲肠扁桃体肿大、出血甚至坏死。直肠黏膜肥厚、出血。气管内有大量黏液，黏膜充血，偶见出血。非典型新城疫病理变化不典型，病死鸡嗉囊积液，腺胃与食道、腺胃与肌胃交界处少数可见有出血斑，直肠与泄殖腔黏膜可见出血，偶见十二指肠、蛋黄蒂下端及盲肠中间的回肠出现枣核样的出血、溃疡（图3-11）。鼻窦肿胀、充血，喉头出血，气管内有大量黏液，气囊混浊并有干酪样分泌物，心冠脂肪有出血点。

【预防】

（1）日常卫生管理。①经常了解疫情，严禁从发病地区或受威胁地区引

图 3-10　典型新城疫：腺胃乳头出血

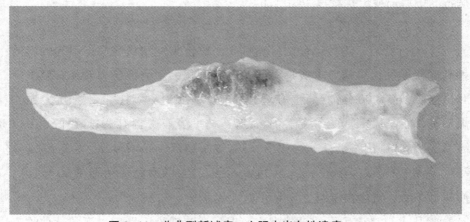

图 3-11　非典型新城疫：小肠内出血性溃疡

进雏鸡；②禁止买鸡人、推销人员、运输车辆等进入鸡场生产区；③鸡场和鸡舍门口，设置消毒池，消毒液一般三天更换一次；④据本场的情况，制定合理的鸡舍消毒程序；⑤严防鸽子、麻雀等动物进入鸡舍。

（2）制定合理的免疫程序。主要是根据雏幼的母源抗体水平来决定首免时间，以及根据疫苗接种后的抗体滴度和禽群生产特点，来确定加强免疫的时间。

（3）正确选择疫苗。我国常用的疫苗分两大类，一类是活疫苗，如Ⅰ系苗、Ⅱ系苗、Ⅲ系苗（F系）、Ⅳ系苗和（LaSota）一些克隆化疫苗（如克隆-30等）。其中Ⅰ系苗的毒力最强，不适宜在未做基础免疫的禽群中使用。如不得已要将该疫苗用于雏禽，必须在使用方法和用量上严格控制。另一类是灭活疫苗，如油佐剂灭活苗，这两类疫苗常配合使用，也可用弱毒活苗与其他疫苗制成多联苗来使用。

（4）选择正确的免疫接种方法，接种疫苗常用滴鼻、点眼、饮水、注射和喷雾的方法。

【治疗】一旦发生新城疫，应采取严格的场地、物品、用具消毒措施，并将死禽深埋或焚烧。

对于疑似患非典型新城疫的鸡群，可用Ⅳ系疫苗2～3个剂量进行滴鼻、点眼的紧急接种法，控制流行。中雏以上可肌肉注射两倍量的Ⅰ系苗。

对发病鸡群，可用高免血清或高免蛋黄液注射进行治疗，同时，内服抗病毒的中草药或干扰素等生物制品。

三、传染性法氏囊病

【流行特点】鸡传染性法氏囊病是由鸡传染性法氏囊病毒引起的鸡的一种高度接触性传染病。本病毒对酸及热等理化因素的抵抗力较强，56℃5小时仍存活，60℃90分钟存活。在鸡舍内能存活122天。对消毒液抵抗力强，1%煤酚皂液、1%石炭酸溶液、1%福尔马林（溶液中含有0.4%甲醛）、70%酒精等30分钟内不能使病毒灭活。3%煤酚皂液、3%石炭酸溶液、3%福尔马林（或1.2%甲醛溶液）、2%过氧乙酸、2%的次氯酸钠等在30分钟内可使病毒灭活。碘化物作用2分钟可使其灭活。

鸡和火鸡是该病毒的自然宿主，但只有鸡感染后发病，不同品种的鸡均易感染，但散养土鸡较少发生。4～6周龄的鸡对本病最易感。病鸡和带毒鸡是本病的传染源，其排出的粪便、污染的饲料、饮水、工具以及鸡场的工作人员皆可以机械带毒成为本病的传染源。本病以水平传播为主，但病毒也可通过蛋进行垂直传播。

【临床症状】发生于育雏阶段。初期发现个别鸡精神不振，全身羽毛蓬乱，食欲减退，第二天可见十几只甚至几十只雏鸡有以上同样症状，且排出白色水样稀粪。

【解剖病变】典型特征是法氏囊病初期肿大1.5～2倍，表面及周围脂肪组织水肿，有黄色胶胨样渗出物，严重的法氏囊呈"紫葡萄"样（图3-12）；切开后其内黏液较多，有乳酪样渗出物，严重者皱褶有出血点、出血斑或表现

图3-12 法氏囊病：法氏囊出血紫葡萄样，切面皱褶增宽出血

弥漫性出血。脱水，胸部大腿肌肉条纹或片状出血。腺胃肌胃交界处有带状出血。肝脏可见带状黄色区。肾肿大，色苍白，花斑样，有尿酸盐沉着。

【预防】

（1）加强卫生防疫措施，控制强毒污染。

（2）选用合适的疫苗，在法氏囊病发生比较普遍的地区最好不用弱毒疫苗，以中毒疫苗为主，或选用变异株疫苗。如现有疫苗无效，可用当地病死鸡法氏囊组织作油佐剂灭活苗，针对性强效果好。

（3）合理的免疫程序。应根据1日龄雏鸡琼脂扩散（AGP）母源抗体阳性率制定。按雏鸡总数0.5%抽检，当AGP阳性率≤20%时应立即进行免疫，为20%～40%时应在5～7天进行免疫，为40%时在10日龄和28日龄各免疫一次，60%～80%时17日龄首免，AGP阳性率≥80%时应在10日龄再次监测。此时AGP阳性率小于50%应于14日龄首免，大于50%在24日龄首免。如无监测条件，若种母鸡未接种过法氏囊灭活苗，估计母源抗体较低时，可于1日龄首免，18日龄2免；若种母鸡接种过法氏囊灭活苗，估计母源抗体较高时，可在18～20日龄首免，30～35日龄2免。也可首免后每隔1周加强免疫一次，共2～3次。种母鸡开产前应用油佐剂灭活苗加强免疫，使子代获得水平高的均一的抗体，能有效防止雏鸡早期感染，也有利于鸡群免疫程序的制定和实施。

（4）对于病鸡舍，空舍后要进行严格的清理和消毒措施，具体方法为"清、洗、烧、消"。清：即清理和清扫，空舍后及时清理鸡笼上残留的和粪盘里的粪便，残留的饲料，然后用一般的消毒液喷洒整个鸡舍、笼具、墙壁、窗户及顶棚等，以表面潮湿为度，最后进行彻底的清扫。注意将以上粪便、残留的饲料和清扫出的垃圾，进行覆盖发酵或深埋等无害化处理。洗：用预防量的消毒液（对笼具有腐蚀作用的除外）对整个鸡舍进行彻底的冲刷清洗；笼具和粪盘应在专用的清洗池中进行浸泡而后清洗。烧：待笼具、粪盘、鸡舍墙壁等晾干后，用煤气或酒精喷灯，进行全面的火焰烧灼，但应注意防火，不得使被烧灼的物件变形或损毁。消：用过氧乙酸或甲醛或甲醛与高锰酸钾等对鸡舍、笼具、饮水器、粪盘、底网及其用具等进行熏蒸消毒。

【治疗】由于该病毒对一般消毒液的抵抗力较强，对症和对因治疗同样重要。

（1）消毒。选用碘制剂消毒液对病鸡舍环境喷雾消毒，每天一次，共7天，然后每周两次。

（2）用高免蛋黄注射液，每只鸡1~2毫升，肌肉注射一次，或用高免血清每只鸡0.5毫升，肌肉注射一次。

（3）用肾肿解毒药按说明自由饮水7天。

四、传染性支气管炎

【流行特点】鸡传染性支气管炎是由冠状病毒科鸡传染性支气管炎病毒引起的鸡急性、高度接触性的呼吸道和泌尿生殖道疾病。该病毒在56℃加热15分钟即可被杀死，1%的福尔马林（溶液中含有0.4%甲醛）、0.1%高锰酸钾、1%石炭酸能在3分钟内将病毒杀死。在低温环境下，病毒存活时间较长。

鸡是传支病毒的自然宿主，但不同品种和品系的鸡群对IBV的敏感性不同。各种龄期的鸡均易感，其中以雏鸡和产蛋鸡发病较多，肾型传染性支气管炎多发生于20~50日龄的幼鸡。本病一年四季均流行，但以冬春寒冷季节最严重。感染后的病鸡主要通过呼吸道和泄殖腔等途径向外界排毒，成为该病主要的传染源。而受污染的飞沫、尘埃、饮水、饲料、垫料等则是最常见的传播媒介。

【临床症状】肾型传染性支气管炎，可发生于各日龄的鸡，但以雏鸡常见。病初少数鸡精神不振，随着病情的发展相当数量的鸡食欲下降，饮水增加；肛门周围有白色粪便沾染；羽毛干燥无光泽。由于本病常和呼吸性传染性支气管炎并发，所以临床在出现以上症状的同时，部分鸡还表现有咳嗽、呼吸困难等症状。

呼吸型传染性支气管炎，主要侵害 1 月龄以内的雏鸡。鸡群中突然出现有呼吸道症状的病鸡，并迅速传遍全群。病鸡主要表现张嘴呼吸、伸颈、打喷嚏、气管啰音、偶有特殊的怪叫声，在夜间听得更明显。

【解剖病变】肾型的主要表现肾脏肿大，色淡、呈槟榔样，输尿管常被白色尿酸盐阻塞。临床抗生素治疗无效；解剖的主要病理变化为槟榔样花斑肾脏（图 3-13）时可初步确诊。

图 3-13　传染性支气管炎：花斑样肾脏

呼吸型的病死鸡，可见气管黏膜充血水肿，尤其在气管的下 1/3，管内有多量透明的黏液；有时可见气管与支气管交接处有黄色干酪样阻塞物。病程稍长的病鸡还表现气囊浑浊，肺脏淤血。

【预防】

（1）严禁从污染区购买雏鸡，加强雏舍的管理，防止受寒，降低饲料中的粗蛋白含量，注意通风。

（2）免疫接种。①疫苗，我国现行使用的疫苗有弱毒活疫苗（如 H120、H52），还有与鸡新城疫混合而成的二联弱毒冻干疫苗（如鸡新城疫Ⅳ系 + 传染性支气管炎的 H120、鸡新城疫Ⅳ系 + 传染性支气管炎的 H52）和油剂灭活疫苗。值得注意的是，H120 适用于初生雏鸡，因其免疫原性较弱，免疫期短。

H52 毒力强，适用于 1 月龄以上的鸡。

②免疫程序应根据当地的疫病流行情况而定，但原则上一般在 4~10 日龄用 H120 滴鼻首免，25~30 日龄用 H52 滴鼻加强免疫，蛋鸡同时使用一次油乳剂灭活疫苗注射，以后每 2 个月用一次冻干疫苗。蛋鸡在 120 天左右再用一次油乳剂灭活疫苗。

由于使用弱毒冻干疫苗对鸡新城疫疫苗的免疫有干扰，所以鸡新城疫免疫和传支免疫至少隔 10 天。

【治疗】本病目前还没有有效的治疗药物。对于呼吸型传支除对症治疗外，应添加抗菌素，预防继发细菌感染减少死亡；对于肾型传支，配合使用肾肿解毒药。

五、传染性喉气管炎

【流行特点】传染性喉气管炎病毒为 α–疱疹病毒亚科成员，具有疱疹病毒群的所有特征。该病毒对高温的抵抗力弱，气管分泌物中的病毒，在 55℃存活 15 分钟，37℃下存活 24 小时，4~10℃下存活 30~60 天，冻干保存可达 10 年之久。3% 福尔马林（溶液中含有 1.2% 甲醛溶液）、1% 火碱液可在 30 秒钟杀死病毒。

鸡是传染性喉气管炎的主要宿主，不同品种、性别、日龄的鸡均可感染本病，但发病和死亡程度有差异，这与毒株的致病性、饲养密度及环境等有直接关系。以育成鸡和成年产蛋鸡多发，并且多出现特征性症状。本病一年四季均可发生，多流行于秋、冬和春季。传染源是病鸡和病愈后的带毒鸡，主要通过呼吸道传染而引起传播。

【临床症状】本病可感染所有年龄的鸡，一般认为自然情况下雏鸡不易感染发病，14 周龄以上的鸡最易感。临床突出的症状是咳嗽、喷嚏、张嘴喘息，有呼吸啰音。严重的病鸡呼吸极度困难，表现为伸颈张口呼吸，同时发出喘鸣音，在频繁咳嗽的同时咳出带血的黏液，悬挂于笼具上。

【解剖病变】病变主要在喉和气管。早期的气管腔有多量黏液，喉和气管黏膜有针尖状小出血点，气管有血丝或血凝块（图 3-14），后期黏膜变性坏死，出现糜烂灶，并有黄白色豆腐渣样栓子阻塞喉头和气管。

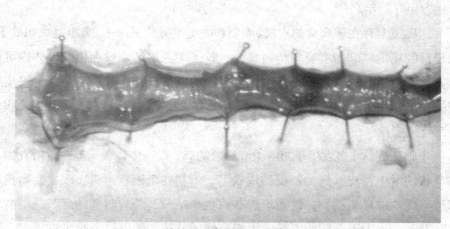

图3-14 传染性喉气管炎：气管内有凝血块

【预防】

（1）由于本病的传染源主要是带该病毒的鸡，所以未发病的鸡场，严禁引入来历不明的鸡或患病康复的鸡。平时加强鸡舍及用具的消毒。引进的鸡，尤其是月龄鸡或更大日龄的鸡要隔离观察，可放数只易感鸡与其同居，观察2周，不发病证明不带毒，这时方可混群饲养。

（2）疫苗接种。由于先用的疫苗接种后，能造成鸡只向环境中排毒，所以本病流行的地区或受威胁区可考虑进行接种。大多在4~7周进行首免，10~14周加强免疫。采用点眼或饮水的方法，不得使用喷雾的方法。注意，免疫接种后3~4天可发生轻度的眼结膜反应或表现轻微的呼吸器症状，此时可内服抗菌药物（如氨苄青霉素、阿莫西林或红霉素等）。

【治疗】本病无有效的治疗药物。发生本病后，可用消毒剂每日进行1~2次消毒，以杀死鸡舍中的病毒，同时辅以阿米卡星、红霉素、庆大霉素等药物治疗，防止继发细菌感染。

六、鸡痘

【流行特点】鸡痘是病毒引起的急性、热性、高度接触性传染病。鸡痘病毒为痘病毒科禽痘病毒属的成员，病毒抵抗乙醚，对氯仿敏感，1%的福尔马林（含0.4%的甲醛溶液）可抵抗9天，加热50℃30分钟或60℃8分钟病毒能被灭活。在干燥的痂皮中能存活数月甚至数年。冷冻干燥和 50% 甘油可使病毒保存数年之久。

病毒通常存在于病禽的皮屑、粪便和喷嚏咳嗽的飞沫中,吸血昆虫如蚊子、双翅目的鸡皮刺螨为主要的传播媒介,蚊子(主要是库蚊和伊蚊)体内可保持其感染力达数周,常造成夏季较大范围的疫病流行。秋季和冬初,以皮肤型的较多,在冬季黏膜性最为常见,若无并发病,病程一般为 3～4 周,病愈家禽有免疫性。

【临床症状】多发生于 70～150 日龄的鸡。以鸡体体表无毛部位散在的、结节状的增生性皮肤病为特征的皮肤型,病初在鸡冠、肉髯、眼皮、嘴角等部位出现麸皮样覆盖物,继而形成灰白色小结节,随着时间的延长,结节增大略发黄,成为表面凹凸不平、干燥坚硬的结节,随着结节数量的增加,它们互相融合最后形成较大的棕黑色痘痂。眼皮结节的生长特点为:病初可见一侧或两侧眼睑肿胀,随后发现有一种灰白色小结节,很快增大到灰黄色芝麻粒甚至绿豆大的痘疣,并与附近的结节相融合,形成大的痘痂,使上下眼睑粘连。

以上呼吸道、口腔和食道部位的黏膜发生纤维素性坏死性增生病灶为特征的黏膜型或白喉型,病初临床表现为流鼻液、呼吸困难、精神委顿。

【解剖病变】黏膜型鸡痘,病初可见口腔和咽喉黏膜上皮出现白色不透明、稍突起的小结节,后逐渐扩散形成伪膜,不易剥离,强行剥离后则呈现出血性糜烂区或稍下陷的溃疡。

【预防】

(1)做好鸡舍等环境的消毒工作,加强饲养管理增强机体的抵抗力。

(2)适时接种疫苗,现在使用的疫苗多为鸡痘弱毒疫苗,可根据当地该病发生流行的情况,制定合理的免疫程序。接种方法多采用翼膜针刺法。

接种疫苗的鸡群,于接种后 7～10 天,在接种处出现皮肤红肿或结痂的,说明疫苗接种成功,否则需重新接种,一般在接种成功后 10～14 天产生免疫力。

【治疗】对病鸡的治疗,无特效药物,但要选择对继发症采取有效的治疗措施,如防止葡萄球菌感染而造成死亡。

七、禽白血病

【流行特点】禽白血病是由禽白血病、肉瘤病毒群中的病毒引起的禽类多种肿瘤性疾病的总称，其中以淋巴细胞白血病最为多发，其他的如骨髓细胞瘤病、血管瘤等，近年在我国多有发生。鸡是本病的自然宿主，常见于4～10月龄的鸡，年龄愈小，易感性愈高，一般母鸡对病毒的易感性高于公鸡，不同品种或品系的鸡对病毒感染发生的抵抗力差异很大。本病外源性传播方式有两种：通过母鸡到子代的垂直传播和通过直接接触从鸡到鸡的水平传播。垂直传播在流行病学上十分重要，因为它使感染从一代传到下一代，大多数鸡通过与先天感染鸡的密切接触获得感染。

【临床症状】淋巴细胞性白血病的病鸡：日渐消瘦，冠髯苍白，精神沉郁，食欲减退，产蛋停止。浓绿色、黄白色下痢便。腹部膨大，走如企鹅。患血管瘤的鸡群：主要表现为出血和贫血，精神沉郁、食欲减退等，以散发为主。趾部的血管瘤容易发现，呈绿豆或黄豆大小的血管瘤，暗红色，自行破裂后出血不止到死亡（图3-15）。患J-亚型白血病的鸡群：除表现精神食欲差，体况较弱外，常在开产后18～22周鸡群死亡率开始不断升高。

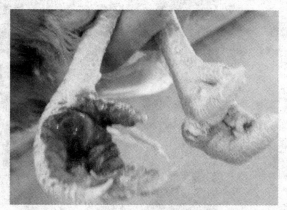

图3-15 禽白血病：脚趾部血管瘤

【解剖病变】淋巴细胞性白血病的病鸡：肿瘤发生在约4个月以后，肝、脾病变最为广泛，肿瘤的大小和数量差异很大。其他器官如肾、肺、性腺、心脏也常见肿瘤。

患J-亚型白血病死亡的鸡：肝、脾肿大，肿瘤结节多表现为弥漫性的细小的白色结节（图3-16）；胸骨内侧有数量不等的白色肿瘤结节（图3-17）；法氏囊皱褶肿大、坚实，有凹凸不平的白色肿块，切开时中心坏死，内有豆腐渣样物。肠道及其他脏器剖检无明显变化。

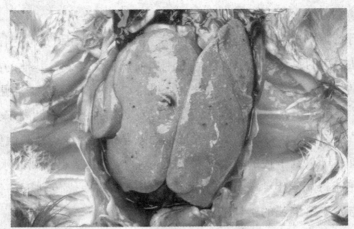

图 3-16　禽白血病：肝肿大弥漫性肿瘤结节及出血灶

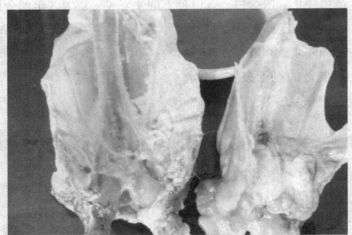

图 3-17　禽白血病：正常胸骨内侧（左），胸骨内表面肿瘤（右）

【预防】关键在于减少种鸡群的感染率和建立无白血病的种鸡群，进而达到净化鸡群的目的。目前，进行鸡群净化的通常做法是通过检测和淘汰带毒母鸡以减少感染，在多数情况下，应用此方法可奏效，因为刚出雏的小鸡对接触感染最敏感，每批之间孵化器、出雏器、育雏室应彻底清扫消毒，有助于减少来自先天的感染。

【治疗】无有效的治疗方法。但针对已经发病的鸡群，饮水中可增加抗菌药和抗病毒提高免疫力的药物，以防止继发感染，加入大量电解多维、维生素 C 以提高机体的体质。另外，还可以添加保肝护肾的药物，用于缓解肝脏和肾脏的负担。

八、网状内皮组织增殖病

【流行特点】网状内皮组织增殖病是一种由肿瘤核酸病毒引起的侵害某些禽类的肿瘤病。以出现网状内皮细胞增生病变为特征。本病病毒属于禽RNA 的 C 型肿瘤核糖核酸的黏液病毒。较常发生的是 T 毒株感染。该病毒在 −70℃下可长期保存，4℃下较稳定，但在 37℃下经 2 小时病毒感染型即可丧失。有报道认为：本病垂直传播、水平传播率不高，疫苗（尤其是禽痘疫苗和马立克氏疫苗）污染是该病目前流行的重要途径。一般感染低日龄鸡，特别是新孵出的雏鸡，感染后引起严重的免疫抑制或免疫耐受；高日龄鸡免疫机能完善，感染后不出现或仅出现一过性病毒血症。本病只有一个血清型，主要感染鸡和火鸡，也可感染珍珠鸡、鸭、鹅和日本鹌鹑等。

【临床症状】急性网状细胞瘤 潜伏期 3 天，多在潜伏期过后 6～12 天内死亡。无明显的临床症状，死亡率可达 100%。

【解剖病变】剖检可见肝脏肿大，质地稍硬，表面及切面有小点状或弥漫性灰白色、黄色病灶，脾脏和肾脏也见肿胀，体积增大，有小点状或弥漫性灰白色病灶，胰腺、输卵管及卵巢出现纤维性粘连。

【防治】本病是近年来新发现的一种病毒病，尚无完善的预防和治疗办法。因火鸡和鸭是该病的主要自然宿主，最好与鸡场隔离开，一旦发现感染的病鸡，应采取无害化处理及严格的消毒。

九、肉鸡病毒性关节炎

【流行特点】病毒性关节炎又称病毒性腱鞘炎，是由鸡呼肠孤病毒引起鸡的一种传染病。多发生于肉鸡。临床上以足关节肿胀、腱鞘发炎，并常导致腓肠肌腱断裂为特征。

鸡呼肠孤病毒属于呼肠孤病毒科呼肠孤病毒属的成员。其形态和特性与其他动物的呼肠孤病毒基本相似。禽呼肠孤病毒已鉴定有多种血清型。病毒对环境因素的抵抗力较强。卵黄中的病毒能耐 60℃ 8～10 小时，56℃ 22～24 小时，37℃ 15～16 周，22℃ 48～51 周，4℃ 3 年，−63℃可存活 10 年以上。对过氧化氢、2% 来苏尔、3% 福尔马林（或 1.2% 甲醛溶液）、乙醚、氯仿和酸具有抵抗力。但 70% 乙醇、0.5% 有机碘可使其灭活。

鸡是禽呼肠孤病毒唯一的宿主，各种日龄、类型和品种的鸡都易感，多在4~6周龄发病。火鸡多呈不显性感染。病毒广泛存在于自然界，经常存在鸡和火鸡的肠道和呼吸道中。病毒也可长期存在于带毒鸡的盲肠扁桃体和关节内，特别是幼龄受到感染的鸡常是同舍感染的主要来源。病毒主要通过粪便排出体外，污染饲料、饮水、垫料和周围环境，经呼吸道和消化道感染易感雏鸡。曾证明在生殖器官中有病毒存在，从孵育的鸡胚和出壳的雏体内也可分离到病毒，因此本病也可经种蛋垂直传播，但这种传播率一般较低，仅在1.7%左右。

禽呼肠病毒不同毒株间在毒力上有很大差别。病毒进入呼吸道或消化道侵入鸡体，在鸡群中迅速传染，一般多为隐性感染，不表现明显症状。病毒进入呼吸道和消化道后，便迅速复制，24~48小时后出现病毒血症，随后即向体内各组织器官扩散，但以关节腰鞘及消化道中含病毒量较高。病毒在鸡体内存留时间可达115~289天不等。

本病多发生于肉用型或肉蛋兼用型等体型较大的鸡。各日龄的鸡均可能发生本病，但临床上多见于4~16周龄的鸡，尤其是4~6周龄鸡多见。

【临床症状】多发生于6~7周龄的肉鸡，一般于3~4周龄开始表现临床症状。病初多表现跗关节轻度肿胀，呈现跛行；病情的发展关节肿胀明显跛行加重；育雏结束时严重的病鸡出现腓肠肌腱断裂，表现不能站立。

【解剖病变】剥去患肢皮肤可见跗关节、趾关节囊、跖曲肌腱和跖伸肌腱潮红、肿胀；急性期的跗关节有点状出血，关节腔有黄色或带血的关节液，并混有纤维素性絮片；转成慢性后，关节僵硬、变形，跗关节皮肤成茶褐色，有的形成溃疡；50日龄左右的鸡可出现单侧或双侧腓肠肌断裂。

【预防】

（1）加强鸡舍环境的消毒，因为该病毒对热和一般的消毒液抵抗力较强，尤其是肉鸡应采用全进全出的饲养方式，消毒后空舍一段时间。消毒剂最好选择0.5%有机碘和2%的氢氧化钠。

（2）不要从疫区购进种蛋；易感期1~20日龄应对环境严格的消毒。

（3）疫苗接种。种母鸡在1~7日龄和4周龄时各接种一次弱毒苗，在开产前再注射一次油乳剂灭活苗。抗体通过蛋传递给雏鸡，可在3周龄内不受感染。雏鸡可在 2 周龄时接种弱毒苗，保护雏鸡在生长期内不发病。发病鸡应集中隔离饲养，症状严重的应淘汰。

【治疗】病毒性关节炎尚无有效的治疗方法。若发现病情，可将病鸡集中隔离饲养，症状严重的应淘汰，以免扩大感染面，同时做好兽医卫生工作。在换群的间歇期，对鸡舍进行彻底清扫和严格消毒，以免下一次进雏后再次感染本病。

十、传染性脑脊髓炎

【流行特点】禽脑脊髓炎是由鸡脑脊髓炎病毒引起鸡的一种急性、高度接触性传染病。该病主要是侵害雏鸡的中枢神经系统，典型症状是共济失调和头颈震颤。成年鸡感染后可出现产蛋和孵化率下降，并能通过垂直感染和水平感染使疫情不断蔓延。

该病毒对乙醚、氯仿、酸等有抵抗力。病禽脑组织中的病毒在 50% 甘油中可保存 40 天；在干燥或冷冻条件下，可存活 70 天。

本病自然感染见于鸡、雉、日本鹌鹑和火鸡，各种日龄均可感染，但以 1～4 周龄的雏鸡发生最多。该病毒具有很强的传染性，能够进行水平传播和经卵垂直传播。自然条件下禽脑脊髓炎为肠道感染，产蛋母鸡感染后 3 周内所产的种蛋均带有病毒。

【临床症状】本病的潜伏期经鸡胚传递而感染的雏鸡为 1～7 天，经接触感染或经口感染的雏鸡至少为 11 天；自然暴发的病雏多见于 6～21 天。病初表现轻微的眼神呆滞，继而表现步态异常，运动失调，前后摇晃。当共济失调越来越明显时，病雏呈现用跗关节和胫关节行走，刺激病鸡时，可引起头部和颈部的震颤，由于共济失调病鸡不能正常采食和饮水，衰弱而死。

【解剖病变】肉眼病变不明显，仅能见到脑部轻度充血、水肿，有时可在肌胃的肌层看到灰白区。

【预防】

（1）把好引进种蛋关，不从疫区引进种蛋。患病的母鸡临床主要表现短暂的产蛋下降，在此期间的蛋可能含有该病毒，因此不宜留作种用。

（2）发病鸡群应隔离、淘汰、深埋，因为感染鸡与易感鸡或成年鸡之间可以发生水平传播。

（3）接种疫苗。感染康复鸡和接种疫苗的鸡均可产生较强的抵抗力，并将抗体通过卵黄传给子代，使孵出的雏鸡在4~6周内具有抵抗力。

【治疗】本病尚无有效的治疗方法。

十一、禽流感（H5亚型）

【流行特点】禽流行性感冒是由正黏病毒科A型流感病毒属的成员引起禽类的一种急性高度接触性传染病。该病毒对乙醚、氯仿等敏感。56℃加热30分钟，60℃10分钟即失去活性。阳光直射40~48小时可被灭活。常用消毒液容易将其灭活，如福尔马林（含40%甲醛溶液）、碘制剂、稀酸等。在自然条件下，存在于鼻腔和粪便中的病毒，由于受到有机物的保护而可存活较长的时间。A型流感病毒由于其自身的结构等特点，导致病毒的抗原性和致病性容易发生变异。

禽中鸡和火鸡有高度的易感性，其次是珍珠鸡、野鸡、孔雀，鸽不常见，鸭和鹅不易感。传染可通过消化道，也可以从呼吸道、皮肤损害和结膜感染，吸血昆虫也可传播病毒。禽病和病死的尸体是主要传染来源，被污染的禽舍、场地、用具、饮水等能成为传染源。病鸡卵内可带毒，孵化出壳后即死亡，患病鸡在潜伏期即可排毒，死亡率50%~100%。

【临床症状】各种日龄鸡都可发生，但易感性不同，最易感是产蛋鸡群，其次为育成鸡，最后为雏鸡。在发病的早期，看不到鸡群的任何变化（采食、粪便、精神、蛋壳、产蛋率都正常）突然出现死亡，死亡快，死亡的数量迅速增加，死亡的鸡可见肿脸肿头、冠和肉垂发紫，脚鳞片紫红色出血等现象（图3-18）。发病中后期大群精神不振，死亡率极高，一般7天时间死亡可达80%以上。如发病后误用新城疫冻干疫苗，鸡群的死亡将更快，死亡率更高。

【解剖病变】解剖气管充血、出血；腺胃乳头化脓性出血；肌胃内膜有出血斑；心肌肉膜出血（图3-19）；脂肪、肌肉出血；卵泡变形、破裂；腹腔内新鲜蛋黄液；输卵管内有白色分泌物。

【预防】

（1）禽流感病毒存在许多亚型，彼此之间缺乏明显的交叉保护作用，抗原性又极易变异，同一血清型的不同毒株，往往毒力也有很大的差异，这给防治本病带来了很大的困难。因此，我们必须对禽流感提高警惕，不从有病

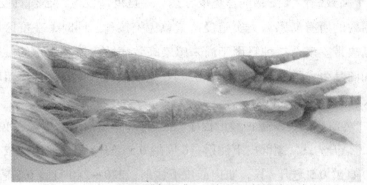

图3-18 H5亚型禽流感：脚部和趾部鳞片下出血

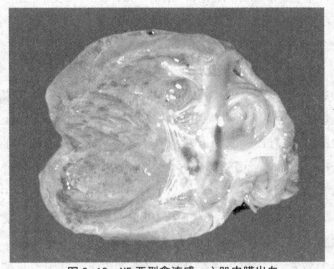

图3-19 H5亚型禽流感：心肌肉膜出血

地区引种和带入畜产品，加强检疫、隔离、消毒工作，对疫情严加监视。

在发现可疑疫情时迅速报告有关主管部门，尽快作出确诊，在确诊为高致病性禽流感时，应在上级部门的指导下，尽快划定疫区，及时采取果断有力的扑灭措施，将疫情控制在最小的范围内。世界上许多国家对高致病力毒株引起的疫病，多采用销毁病鸡群的办法加以扑灭。

（2）疫苗接种。我国已经成功研制出用于预防H5N1高致病性禽流感的疫苗和H9亚型禽流感疫苗。非疫区的养殖场应该及时接种疫苗，从而达到防止禽流感发生的目的。

（3）高致病性禽流感推荐免疫方案。一旦疫情发生，必须对疫区周围5千米范围内的所有易感禽类实施疫苗紧急免疫接种，同时，在疫区周围应建立免疫隔离带。疫苗接种只用于尚未感染高致病性禽流感病毒的健康禽群，种禽群和商品蛋禽群一般应进行2次以上免疫接种。免疫接种疫苗时，必须在兽医人员的指导下进行。

（4）禽流感的免疫接种参考程序。蛋鸡和种鸡的H5、H9疫苗免疫程序：2周龄0.3毫升/只，颈部皮下注射；6周龄0.5毫升/只，肌肉或皮下注射；120～140日龄0.5毫升/只，肌肉或皮下注射；220～240日龄0.5毫升/只，肌肉或皮下注射；340～360日龄0.5毫升/只，肌肉或皮下注射。H5、H9疫苗免疫也可单独同时免疫，接种不同部位。

【治疗】无有效的治疗方法。

十二、禽流感（H9N2亚型）

【流行特点】H9N2亚型禽流感，人们根据其临床病症等特点，又称温和型禽流感。也是由A型正黏病毒引起的一种病毒性传染病。目前已知A型禽流感病毒的血凝素HA有15（或16）种，神经氨酸酶NA有9（或10）种，分别以H1～H15、N1～N9命名。由此形成15个HA血清亚型，分别和9个NA亚型组成近百种毒株亚型。如H1N1、H1N2……H1N9；……；H15N1……H15N9等。H9N2型，属于中下毒力病毒，发现于1992～1993年，大流行期1996～2000年。病毒对脂溶剂（如去污剂）相对敏感，不耐热，不耐酸碱，在不等渗液和干燥环境中易失活。4℃可保持几周，在−70℃下或冻干可长期保存。在阴冷潮湿环境下存活很长时间，在液体粪便中全部死亡需105天。粪便中病毒感染性4℃下可存活30～35天。20℃时能维持7天。感染禽排毒时间长达1个月。传播途径，主要是易感禽直接和带毒排泄物接触，鸟与鸟、群与群的接触传播，通过呼吸道及口、鼻途径进入为主。被污染的饲料、设备、工具、物品，人的被污染及机械携带的间接传播，野鸟、野鼠、苍蝇、节肢动物的机械携带污染的间接传播，气溶胶的传播对H9N2亚型有较大意义。

【临床症状】多发生在200～400日龄产蛋鸡。鸡群出现明显的呼吸道症状，有呼噜、咳嗽、伸颈喘和尖叫。大群鸡精神沉郁拉黄白绿鸡粪，采食量下降10%～60%，产蛋下降10%～70%，经一周左右精神正常，但产蛋恢复极慢。死淘率一般在 10%，少数鸡出现肿脸肿头，冠和肉垂发紫等现象。肉食仔鸡发生禽流感 H9N2 时，极易与大肠杆菌、新城疫出现并发和继发感染，死亡率较高，且药物治疗无效果。

【解剖病变】气管充血、出血；腺胃乳头化脓性出血；卵泡变形、破裂；输卵管内有白色分泌物（图 3-20）。

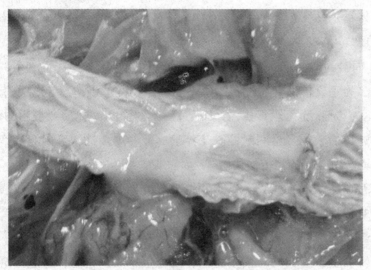

图 3-20　H9N2 亚型禽流感：输卵管脓性分泌物

【预防】

（1）注重生物安全体系的建立。主要应做好以下工作：①避免水禽与鸡混养，因为我国禽流感（高致病性）有由鹅、鸭向鸡过渡的特殊情况。水禽带毒，排毒污染水源及周围环境很严重。②加强兽医卫生管理，养鸡场内外环境的隔离与消毒工作。③减少人员流动，对进出车辆、物品、饲料的通路，设置缓冲带，配备专用工具。④严防家禽流通市场对本场的污染。⑤防鸟、鼠的设施或措施。⑥废弃物尤其是粪便的管理，采取发酵等措施。⑦提高自身管理人员素质，加强培训，提高预防疾病的意识。

（2）疫苗接种。推荐免疫程序，第一次免疫在 7~12 天；第二次免疫在 18~20 周。开产后根据血清抗体的情况进行免疫，注意血清抗体最好控制在 64 以上。

【治疗】本病无有效的治疗方法，但在对症治疗的同时，注意同时用抗菌素控制细菌继发感染。

十三、减蛋综合症（EDS-76）

【流行特点】鸡产蛋下降综合征是由禽类腺病毒引起的一种传染病。病原对乙醚不敏感，pH 值耐受范围广，如 pH 值为 3 时不死。加热 56℃可存活 3 小时，60℃ 30 分钟丧失致病性，70℃ 20 分钟完全灭活，室温至少存活 6 个月以上。0.1% 福尔马林（溶液中含有 0.04% 甲醛）48 小时，0.3% 福尔马林（溶液中含有 0.12% 甲醛）24 小时可使病毒灭活。

24～36 周龄的产蛋鸡易发，任何品种的鸡均能感染，但产褐壳蛋的鸡种多发。本病多为垂直传播，通过胚胎感染小鸡，鸡群产蛋率达 50% 以上时开始排毒，并迅速传播；也可水平传播，多通过污染的蛋盘、粪便、免疫用的针头、饮用水传播，传播较慢且呈间断性。笼养鸡比平养鸡传播快。肉鸡和产褐壳蛋的重型鸡较产白壳蛋的鸡传播快。

【临床症状】病鸡在采食、饮水和精神等方面基本正常，有的仅表现一过性腹泻、水样便，但突然产蛋减少，每天可下降 3% 左右，2～3 周产蛋率下降 6%~25%，严重时下降 55%。以后逐渐恢复，但很难恢复到正常的水平或达不到高峰。蛋下降的同时蛋壳褪色即褐壳蛋变成白色蛋，继之出现蛋壳变薄、变软、甚至出现无壳蛋。产蛋恢复期间，小蛋数量增加，出现少数畸形蛋。由种蛋经垂直传播发病的鸡群，该病常发生于 50% 的产蛋率到高峰之间。

【解剖病变】仅见病鸡卵巢及输卵管萎缩，子宫黏膜水肿。

【预防】

（1）健康鸡场要做好隔离消毒工作，由于该病是垂直传播，因此注意不将病毒带入场内。不使用来自感染鸡群的种蛋。

（2）鸭、鹅为自然宿主，鸡场不宜同时饲养鸭和鹅。

（3）疫苗接种。种鸡在开产前体内病毒还未活化时（14～16 周龄）接种油佐剂灭活苗常取得理想结果。近年来有的地区按常规方法即开产前免疫一次，免疫后鸡群虽未出现明显的减蛋现象，但开产期推迟产蛋量达不到高峰，这可能是免疫前病毒已活化，损害了生殖系统。建议在这些地区可免疫两次，首免时间提前在 8 周龄时接种，开产前再加强 1 次。免疫鸡的减蛋综合征血凝抑制（HI）抗体滴度要求 80 倍以上。

【治疗】本病无特异性治疗方法。对于病鸡群可遵循"干扰病毒、控制继发感染、调理生殖系统"的原则，适当投服抗病毒、调理输卵管的中成药、敏感抗菌药物以防止生殖系统的细菌感染。

十四、鸡传染性贫血

【流行特点】鸡传染性贫血是由鸡传染性贫血病菌引起的。该病又称蓝翅病、出血综合征或贫血性皮炎综合征，主要侵害雏鸡骨髓、胸腺、法氏囊，并导致再生障碍性贫血和免疫抑制为主要特征的一种疾病。该病毒70℃或80℃ 5分钟不能使其灭活，100℃ 15分钟可完全灭活。1%碘酊、1%福尔马林（溶液中含有0.4%甲醛）可使病毒灭活。

本病仅感染鸡，各品种的鸡易感性相同，所有年龄的鸡也都易感。自然发病时，常在7～12天出现第1个死亡高峰，以后在30～35天可能出现第2个死亡高峰。第1个死亡高峰与传染性贫血病毒从种鸡传到雏鸡有关，第2个死亡高峰与水平传播有关。传染性贫血病毒既能通过卵垂直传播，又能进行水平传播，其致病性与鸡的日龄和母源抗体水平密切相关。

【临床症状】雏鸡多在2周龄末发病，有母原抗体的鸡多在3～6周龄发病。临床主要表现精神委顿，喜扎堆，羽毛粗乱，死亡率高。

【解剖病变】主要表现为贫血，血液稀薄，胸腺萎缩，皮下出血，并且常见于翅膀，因而有"蓝翅病"之称号。骨髓呈黄白色。

【预防】

（1）禁止引进感染传染性贫血病毒的种蛋。

（2）由于本病的主要危害是引起免疫抑制，导致其他疾病的混合或继发感染，因此，在发病后用广谱抗生素预防继发细菌感染。

（3）疫苗接种：感染的种鸡场应进行疫苗接种，传染性贫血弱毒冻干苗应在12～16周龄免疫，免疫后6周可产生免疫力，并持续到60～65周龄，免疫后6周内的种蛋不可作种用。或将自然感染该病毒鸡的组织匀浆混入饮水中，免疫16～18周龄的种鸡。

【治疗】本病尚无有效的治疗方法。

第三节 常见代谢性疾病的诊治

一、维生素A缺乏症

维生素 A 是保证家禽正常发育以及视觉和皮肤黏膜完整性不可缺少的生物活性物质，包括视黄醇、视黄醛、视黄酸、脱氢视黄醇等多种形式，其结晶体为浅黄色，在空气中易氧化。

【常见原因】导致维生素 A 缺乏的原因主要有：

（1）饲料中多维素添加量不足或其质量低劣。

（2）多维素配入饲料后时间过长，或饲料中缺乏维生素 E，不能保护维生素 A 免受氧化，而造成失效较多。

（3）种鸡缺乏维生素 A，其所产的种蛋孵化率比较低，孵出的雏鸡也都缺乏维生素 A。

（4）胃肠吸收障碍，发生腹泻或肝病使其不能利用及贮藏维生素 A。

【临床症状】雏鸡一般发生在 1～7 周龄，病雏消瘦，喙和腿部皮肤的黄色消褪；病鸡眼中流出水样分泌物，严重时，眼睑内有干酪样物质蓄积，角膜软化甚至穿孔而失明。成年鸡发病通常在 2～5 月龄，呈慢性经过鸡冠发白，爪、喙褪色，产蛋量孵化率降低。

【解剖病变】口腔黏膜有白色小结节或覆盖一层白色的豆腐渣样薄膜，剥离黏膜无出血溃疡。肾脏和输尿管内蓄积多量尿酸盐。

【防治】当鸡发生本病时，可在每千克饲料中添加鱼肝油 5 毫升，连用 10～15 天，成年重病鸡每天经口服浓缩鱼肝油 1 丸，幼龄重病鸡每天滴服鱼肝油数滴，连续数日，同时每 100 千克饲料的多种维生素由 34 克增至 50 克，有条件的可适当喂一些青绿饲料，经一段时间的治疗，只要眼部病变未到失明程度，大多数病鸡可以很快恢复健康。

二、维生素D缺乏症

影响鸡生长主要是维生素 D_3。维生素 D_3 能调节机体内钙和磷的代谢，促进钙和磷由肠道吸收，对骨组织的沉钙成骨有直接作用。

【常见原因】鸡的维生素 D 缺乏症主要见于笼养鸡的幼雏。它们晒不到太阳，如果饲料中维生素 D 的添加量不足，肝脏中的储藏量消耗到一定程度后，即出现缺乏症状。

【临床症状】鸡的维生素 D 缺乏主要见于笼养鸡或幼雏。雏鸡饲料缺乏维生素 D，最早的在 10 日龄即可出现症状，大多在 30 日龄前后出现症状。病雏食欲基本正常但发育不良，两腿无力，步态不稳；产蛋母鸡缺乏到一定程度，个别在产出一个蛋之后，腿软不能站立，需蹲伏数小时后恢复正常。雏鸡腿骨变脆易折断，喙和趾变软易弯曲。

【解剖病变】肋骨变软，椎肋与胸肋交接处肿大呈串珠状。胫骨或股骨的骨骺部钙化不良，骨骼软，易折断。

【防治】对于本病，首先要分析饲料及每天晒太阳的情况，判断是否缺乏维生素 D 或缺乏钙磷，或磷过多影响钙的吸收利用，当缺乏维生素 D 时，予以补充即可。钙磷方面存在问题的，除加以调整外，也要适当补充维生素 D。补充维生素 D，可以每千克饲料中添加清鱼肝油 10～20 毫升，同时每 100 千克饲料将所添加的多维素增至 50 克，持续 2～4 周，到病鸡恢复正常为止，如有可能，让鸡多晒太阳，对其具有良好的作用。

三、维生素E缺乏症

维生素 E 又叫生育酚。其主要作用是：①维持鸡的正常生育功能，缺乏时，公鸡配种能力、精液品质、种蛋受精率及受精蛋的出雏率都要下降；②维持肌肉和外周血管的正常状况，缺乏时，肌肉营养不良，外周血管壁渗透性改变，血液成分渗出；③具有很强的抗氧化作用；④维生素 E 与硒的功用有很多相同之处，可使鸡对硒的需要量减少，当饲料中缺乏硒时，只要维生素 E 充足有余，可以减轻缺硒的不利影响。

【常见原因】引起维生素 E 缺乏症的因素常常有以下几种情况：

（1）种鸡缺乏维生素 E，可造成下一代雏鸡出壳时就缺乏；雏鸡维生素 E 缺乏症主要是其本身饲料问题引起的。

（2）饲料缺硒，需要较多的维生素 E 去补充，但却没有给予补偿，引起缺乏。

（3）球虫病及其他慢性肠道疾病，导致维生素 E 的吸收利用率降低引起缺乏。

（4）饲料中添加较多的鱼肝油但贮存时间较长，没有现配现用，出现酸败，或者饲料本身就变质，使维生素 E 受到破坏。

【临床症状与解剖病变】

雏鸡的脑软化症：15～30 日龄病雏多发，临床表现步态不稳，时而向前或侧面冲击，两腿麻痹，腿向外伸，发生痉挛性抽搐，头向下挛缩或向一侧扭转。病变主要表现在脑很柔软，脑膜水肿，并有散的出血点；小脑坏死组织常呈灰白色，肿胀而湿润，1～2 天坏死区呈黄绿色混浊样。

鸡的渗出性素质：主要发生在育雏期和育成期，往往是由于维生素 E 和硒同时缺乏，而引起的一种以皮下组织水肿为主要症状的疾病，因为急腹部皮下水肿积液，使两腿外叉，水肿处呈蓝绿色，穿刺或剪开水肿处流出较黏稠的蓝绿色液体。剖开体腔，可见心包积液。

白肌病：由维生素 E 与含硫的氨基酸（如蛋氨酸、胱氨酸）同时缺乏而引起，多见于 1 月龄左右，病雏鸡陆续发生，消瘦、行走无力。剖检可见骨骼肌、尤其是胸肌和腿肌因营养不良而苍白贫血，并有灰白色条纹。

成年公鸡缺乏维生素 E 时，性欲不强，精液中精子减少甚至无精；种蛋受精率低，弱精蛋多，早期死胚增多。

【防治】

（1）雏鸡脑软化症　每只鸡每日一次口服维生素 E 5 国际单位，病情较轻的鸡 1～2 天即明显见效，可连续服 3～4 天。

（2）雏鸡渗出性素质病及白肌病　每千克饲料加维生素 E 20 国际单位或植物油 5 克，亚硒酸钠 0.2 毫克，蛋氨酸 2～3 克，连用 2 周。

（3）成年鸡缺乏维生素 E　每千克饲料加维生素 E 10～20 国际单位，或植物油 5 克，或大麦芽 30～50 克，连用 2～4 周，并酌情喂青绿饲料。

四、维生素K缺乏症

维生素 K 缺乏症（Vitamin K Deficiency）是由于维生素 K 缺乏使血液中凝血酶原和凝血因子减少，以造成家禽血液凝固过程发生障碍，血凝时间延长或出血等病症为特征的疾病。

【常见原因】

（1）饲料中供给维生素 K 的量不足。按 NRC 标准，鸡在各生理阶段都是 0.5 毫克／千克；自然界中维生素 K 有两种类型，即维生素 K 和维生素 K_2。维生素 K，主要存在于绿色植物叶中，维生素 K_2 主要由微生物合成。家禽的肠道虽然能合成少量的维生素 K，但远远不能满足它们的需要，尤其当生产性能提高其需要量也要增加，以及刚孵出来的雏鸡，凝血酶原比成年鸡低 40% 多，皆可能引起维生素 K 缺乏症。

（2）抗生素等药物添加剂的影响。由于饲料中添加了抗生素、磺胺类或抗球虫药，抑制肠道微生物合成维生素 K，可引起维生素 K 缺乏。

（3）肠道和肝脏等病影响维生素 K 的吸收。家禽患有球虫病、腹泻、肝脏疾病等，使肠壁吸收障碍，或胆汁缺乏使脂类消化吸收发生障碍，均可降低家禽对维生素 K 的绝对摄入量。

【临床症状】维生素 K 缺乏时，主要表现凝血时间延长和具有出血性素质。雏鸡饲料中维生素 K 缺乏，通常约经 2～3 周出现症状。主要特征症状是出血，躯体不同部位，胸部、翅膀、腿部、腹膜，以及皮下和胃肠道都能看到出血的紫色斑点。出血持续时间长或大面积大出血，病鸡冠、肉髯、皮肤干燥苍白，肠道出血严重的则发生腹泻，致使病鸡严重贫血，常蜷缩在一起，雏鸡发抖，不久死亡。

种鸡维生素 K 缺乏，使种蛋孵化过程中胚胎死亡率提高，孵化率降低。

【防治】给雏鸡日粮添加维生素 K_3 1～2 毫克 / 千克，并配给适量富含维生素 K 及其他维生素和矿物质的青绿饲料、鱼粉、肝脏等有预防作用。当应用维生素 K_3 治疗时，一般在用药后 4～6 小时，可使血液凝固恢复正常，若要完全制止出血，需要数天才可见效，同时给予钙剂治疗，疗效会更好。

五、维生素 B_1 缺乏症

维生素 B_1 是由一个嘧啶环和一个噻唑环结合而成的化合物。因分子中含有硫和氨基，故又称硫胺素。硫胺素是家禽碳水化合物代谢所必需的物质。

【常见原因】

（1）饲料中硫胺素含量不足。通常发生于配方失误，饲料加工过程中的差错等。

（2）饲料发霉或贮存时间太长，维生素 B_1 分解损失。

（3）鱼粉品质差，硫胺素酶活性太高。

（4）抗球虫药和抗生素对维生素 B_1 的颉颃作用。长时间使用含有嘧啶环和噻唑的药物，如磺胺类药物等。

【临床症状】雏鸡多在2周龄以前发生，表现为麻痹或痉挛，病鸡瘫痪以腿部和尾部着地，头向背后极度弯曲，呈现特殊的"观星"姿势，有的因瘫痪不能行动，倒地不起，抽搐死亡。成年鸡多在维生素B_1缺乏3周后出现多发性神经炎外，还出现鸡冠发紫，所产种蛋孵化率降低等症状。

【解剖病变】胃肠道有炎症，十二指肠溃疡，睾丸和卵巢明显萎缩。小鸡皮肤水肿，肾上腺肥大。

【防治】

对病鸡可用硫胺素治疗，每千克饲料加10~20毫克，连用1~2周；重病鸡肌注，雏鸡每次1毫克，成年鸡5毫克，每日1~2次，连续数日。饲料中可适当提高多种维生素和糠麸比例，除少数严重病鸡外，大多经治疗可以康复。

六、维生素B_2缺乏症

维生素B_2是由核醇与二甲基异咯嗪结合构成的，由于异咯嗪是一种黄色色素，故又称之为核黄素。核黄素缺乏症是以幼禽的趾爪向内蜷曲，两腿发生瘫痪为主要特征的营养缺乏病。

【常见原因】

（1）笼养鸡主要由于全价饲料中维生素B_2量不足或饲料较长时间受阳光暴晒引起维生素B_2缺乏。

（2）雏鸡开食饲喂单一的软小米或碎大米时间长。

【临床症状】雏鸡喂饲缺乏核黄素日粮后，多在1~2周龄发生腹泻，食欲尚良好，但生长缓慢，消瘦衰弱。其特征性的症状是足趾向内蜷曲，不能行走，以跗关节着地，展开翅膀维持身体的平衡，两腿发生瘫痪。腿部肌肉萎缩和松弛，皮肤干而粗糙。病雏吃不到食物最后衰弱死亡或被其他鸡踩死。

成年产蛋母鸡的产蛋量下降，蛋白稀薄，蛋的孵化率降低。死胚呈现皮肤结节状绒毛，颈部弯曲，躯体短小，关节变形，水肿、贫血和肾脏变性等病理变化。有时也能孵出雏，但多数带有先天性麻痹症状，体小、浮肿。

【解剖病变】病死雏鸡胃肠道黏膜萎缩，肠壁薄，肠内充满泡沫状内容物。有些病例有胸腺充血和成熟前期萎缩。病死成年鸡的坐骨神经和臂神经显著肿大和变软，尤其是坐骨神经的变化更为显著，其直径比正常大 4~5 倍。另外，病死的产蛋鸡皆有肝脏增大和脂肪量增多。

【防治】对病鸡可用核黄素治疗，5 毫克的小片剂，每千克饲料 4 片，连用 1~2 周，同时适当增加多维素用量。这样治疗的作用主要是防止继续出现病鸡，轻病鸡也可治愈，不能站立的重病鸡很少能恢复。成年病鸡治疗 1 周后，产蛋率回升，种蛋的孵化率基本恢复正常。

为了防止本病发生，雏鸡一开食就应当喂配合饲料。如果喂泡软的小米或碎大米，虽然有利于雏鸡学会吃和很快吃饱，但只能维持 1~2 天，第三天一定要开始喂配合饲料，无论雏鸡、成年鸡，饲料中多维素都要用足。

七、维生素 B_6（吡哆醇）缺乏症

维生素 B_6 又名吡哆素，包括吡哆醇、吡哆醛、吡哆胺等 3 种化合物，是鸡体重要辅酶，主要作用是保证含硫氨基酸和色氨酸的正常代谢。

【常见原因】维生素 B_6 的缺乏症一般很少发生，只有在饲料中极度不足或在应激下家禽对维生素 B_6 的需求量增加的情况下才导致缺乏症的发生。

【临床症状】病鸡双脚神经性的颤动，多以强烈痉挛抽搐而死亡。有些小鸡发生惊厥时，无目的地乱跑，翅膀扑击，倒向一侧或完全翻仰在地上，头和腿急剧摆动，这种较强烈的活动和挣扎导致病鸡衰竭而死。另有些病鸡无神经症状而发生严重的骨短粗病。骨短粗病的组织学特征是跗跖关节的软骨骺的囊泡区排列紊乱和血管参差不齐地向骨板伸入，致使骨弯曲。

成年病鸡食欲减退，产蛋量和孵化率明显下降，由于体内氨基酸代谢障碍，蛋白质的沉积率降低，生长缓慢；甘氨酸和琥珀酰辅酶 A 缩合成卟啉基的作用受阻，对铁的吸收利用降低而发生贫血。随后病鸡体重减轻，逐渐衰竭死亡。

【解剖病变】死鸡皮下水肿，内脏器官肿大，脊髓和外周神经变性。有些呈现肝变性。

【防治】通常情况下每千克饲料中含有 4 毫克维生素 B_6 即可满足需要。玉米、豆饼、麦麸等常用饲料中维生素 B_6 的含量都比鸡的需要量高，所以一般不会缺乏。

八、维生素 B_{11}（叶酸）缺乏症

维生素 B_{11} 又叫叶酸，因其普遍存在于植物绿叶中而得名。棉仁饼、小

麦麸和青绿饲料中比较丰富，但玉米中含量较少。全价配合饲料中的叶酸基本可以满足鸡的生理需求。

【常见原因】鸡配合饲料对叶酸的需要量，按 NRC 标准：中雏鸡、肉仔鸡 0.55 毫克／千克，大雏和产蛋鸡 0.25 毫克／千克，种鸡 0.35 毫克／千克，当其供给量不足，集约化或规模化鸡群又无青绿植物补充，家禽消化道内的微生物仅能合成一部分叶酸，有可能引起叶酸缺乏症。如若家禽长期服用抗生素或磺胺类药物抑制了肠道微生物时，或者是患有球虫病、消化吸收障碍病均可能引起叶酸缺乏症。

【临床症状】雏鸡叶酸缺乏病的特征是生长停滞，贫血，羽毛生长不良或色素缺乏。部分病鸡雏表现特征性的伸颈麻痹。若不立即投给叶酸，在症状出现后 2 天内便死亡。

种用成年鸡日粮中缺乏叶酸，使其产蛋量下降，蛋的孵化率也降低。死亡的鸡胚嘴变形和胫跗骨弯曲。

【病理变化】病死家禽的剖检可见肝、脾、肾贫血，胃有小点状出血，肠黏膜有出血性炎症。

【防治】科学的饲料配方，优质的饲料原料，是预防该病的主要措施。若叶酸缺乏时，可通过选用含叶酸的多种维生素，有条件的也可添加一些酵母粉、肝粉、胶木粉、鲜肝等补充。若口服叶酸，则需在每 100 克饲料中加入 500 微克叶酸。若配合应用维生素 B_{12}、维生素 C 进行治疗，可收到更好的疗效。

九、维生素B_{12}缺乏症

维生素 B_{12} 又称氰钴素、钴胺素，是唯一含金属元素钴的维生素。维生素 B_{12} 在鸡体内参与多种物质的代谢过程，与叶酸协同参与核酸和蛋白质的生物合成，维持造血机能的正常运转，同时还能提高植物性蛋白质的利用率，与血液形成有密切关系。

【常见原因】

（1）饲料中长期缺钴。

（2）长期服用磺胺类抗生素等抗菌药，影响肠道微生物合成维生素 B_{12}。

（3）笼养和网养鸡不能从环境（垫草等）获得维生素 B_{12}。

（4）肉鸡和雏鸡需要量较高，必须加大添加量。

【临床症状】在幼鸡，采食量减少、生长率降低以及饲料利用率变差，可提示维生素 B_{12} 缺乏。蛋白质利用率降低，尿酸生成增多。随着缺乏症的进展，可见到神经症状和羽毛缺陷、腿部疲软、滑腱症以及肌胃糜烂。

在蛋鸡和种鸡，可见到产蛋率降低和孵化率降低。孵化 17 天时出现胚胎死亡高峰。饲料中缺乏胆碱和蛋氨酸时极有可能发生滑腱症。

【解剖病变】死于维生素 B_{12} 缺乏的鸡常常并不表现具有诊断意义的病变，只是可见到甲状腺有些肥大。

胚胎病变包括皮肤出血、心脏肥大及异形、腿部肌肉萎缩、肾脏苍白以及不同程度的脂肪肝。

【防治】对病鸡只要多喂动物性饲料，选用优质多种维生素，就能比较快地使其恢复。必要时在每千克饲料中添加维生素 B_{12} 4 微克；重病鸡肌注，成年鸡 2 微克 / 次，1 次 / 天，连续 3～5 日有助于康复。

对肉用仔鸡采取厚垫草地面平养，除有防治胸囊肿等许多优点外，也可以有效的防治维生素 B_{12} 缺乏症。

十、烟酸缺乏症

家禽体内色氨酸可以转变为烟酸，但合成量不能满足体内需求，需要通过饲料补充。

【常见原因】饲料中长期缺乏色氨酸，使禽体内烟酸合成减少；家禽饲喂以玉米为主的日粮，玉米含色氨酸量很低，或者日粮中维生素 B_2 和吡哆醇缺乏时，也影响烟酸的合成，易引起缺乏症；长期使用抗生素；或由于鸡群患有寄生虫病，腹泻症，肝、胰脏和消化道等机能障碍，皆可能致病。

【临床症状】多见于幼雏发病，均以生长停滞、羽毛稀少和皮肤角化过度而增厚等为特有症状。皮肤发炎有化脓性结节。腿部关节肿大，骨短粗，腿骨弯曲，与滑腱症有些相似，但是其跟腱极少滑脱。产蛋鸡引起脱毛，有时能看到足和皮肤有鳞片皮炎，雏鸡口黏膜发炎，消化不良和下痢。

【解剖病变】剖检可见口腔，食道黏膜表面有炎性渗出物，胃肠充血，十二指肠、胰腺病变溃疡。

严重病例的骨骼，肌肉及内分泌腺可发生不同程度的病变，以及许多器官发生明显的萎缩。盲肠和结肠黏膜上有时有豆腐渣样覆盖物，肠壁厚而易碎。

【防治】

（1）调整日粮中玉米比例或添加色氨酸、啤酒酵母、米糠、麸皮、豆类、鱼粉等富含烟酸的饲料。

（2）患鸡口服烟酸 30～40 毫克／只，或在饲料中给予治疗剂量，每吨饲料中添加 15～20 克烟酸。若有肝病存在时，可配合应用胆碱或蛋氨酸进行防治。

（3）饲料中添加足量的色氨酸和烟酸，家禽的烟酸需要量雏鸡为每千克饲料 26 毫克，生长鸡 11 毫克，蛋鸡为每天 1 毫克。

（4）避免饲料原料单一，尽可能使用富含 B 族维生素的酵母、麦麸等。

十一、生物素缺乏症

生物素又叫维生素 H，它以多种酶的形式参与脂肪、蛋白质以及糖的代谢。广泛存在于各种饲料中，通常不会缺乏。

（1）谷物类饲料中生物素含量少，利用率低，如果谷物类在饲料中比例过高，就容易发生此缺乏症。

（2）抗生素和药物影响肠道微生物合成生物素，长期使用会造成生物素缺乏。

（3）其他影响生物素需要量的因素，生产中酸败的脂肪和生蛋清等都会破坏生物素。

【临床症状与解剖病变】

（1）患病雏鸡食欲不振，羽毛干燥变脆，足底粗糙，龟裂出血，甚至足趾坏死；口角及眼边出现皮炎，眼睑肿胀，上下眼睑常常粘合。临床上和泛酸缺乏症区别是，泛酸缺乏皮炎首先出现在口角、眼睑及腿上，严重时才波及足底。此外，还表现出胫骨短粗症。

（2）成年鸡发病，鸡的产蛋率并不下降，但所产蛋的孵化率降低，胚胎发生先天性骨短粗症。胚胎死亡率在孵化第一周最高，最后 3 天其次。大多数死亡的鸡胚呈现软骨营养障碍，体型变小，鹦鹉嘴，胫骨严重弯曲，跗跖骨短而扭曲，有些鸡胚出现并趾症。

（3）肉仔鸡的脂肪肝－肾综合征

3～5 周龄肉仔鸡多见，病鸡胸颈部麻痹，垂头站立，继而头着地伏下，数小时死亡。剖检可见肝苍白肿大，小叶有微小出血点，肾肿大，颜色异常，心脏苍白，肌胃内有黑棕色液体。

【防治】

（1）因为谷物类饲料中生物素来源不足，所以添加生物素添加剂产品很有必要。种鸡日粮中每千克应添加150微克生物素。

（2）日粮中陈旧玉米、麦类不要过多，减少较长时间喂磺胺、抗生素类添加剂等。

（3）生鸡蛋中有抗生物素因子，所以应注意矿物质营养平衡，防止鸡发生啄蛋癖。

十二、胆碱缺乏症

胆碱对家禽来说其主要功能是防止脂肪在肝脏中沉积，减少对蛋氨酸的需要量，促进雏鸡生长和成年鸡产蛋。

【常见原因】鸡的胆碱缺乏症主要是由于饲料中胆碱含量过低造成的。鸡对胆碱的需要量通常比其他维生素多得多，即使体内能合成一些，但并不能满足其本身的需要，特别是雏鸡，其自身的合成量很少，主要靠饲料供给。

【临床症状】雏鸡临床表现生长停滞，腿关节肿大，突出的症状是骨短粗症。跗关节初期轻度肿胀，并有针尖大小的出血点；后期是因跗骨的转动而使胫跗关节明显变平。由于跗骨继续扭转而变弯曲或呈弓形，以致离开胫骨而排列。病鸡由行动不协调、关节灵活性差发展成关节变弓形，或关节软骨移位，跟腱从踝头滑脱不能支持体重。成年鸡肝脏中脂肪酸增高，母鸡明显高于公鸡。母鸡产蛋量下降，蛋的孵化率降低。有的因肝破裂而发生急性内出血突然死亡。

【解剖病变】雏鸡病理变化为胫骨和跗骨变形，跟腱滑脱。成年鸡可见肝、肾脂肪沉积，肝大，脂肪变性呈土黄色，腿关节肿大部位有出血点，胫骨变形，腓肠肌腱脱位，死鸡鸡冠、肉垂、肌肉苍白，肝包膜破裂，肝表面和腹腔有较大凝血块。

【防治】在鸡的饲料中补充胆碱要用氯化胆碱，产蛋鸡的配合饲料一般每100千克添加商品纯氯化胆碱25～30克，常常能够显著提高产蛋率。配合饲料的质量越差，添加氯化胆碱时其效果越明显，原因是与节省蛋氨酸等多种因素有关。

十三、钙和磷缺乏症

鸡体所需的钙和磷都是构成骨骼的主要成分，尤其是钙大约90%用于构成骨骼和蛋壳，其余的钙分布于细胞和体液中，对维持神经、肌肉和心脏的正常功能，维持体内酸碱平衡等具有重要的作用。

【常见原因】钙和磷缺乏症的主要原因是日粮中钙和磷的含量不够或钙、磷的比例不当，或维生素D含量不足，都会影响钙和磷的吸收和利用。

【临床症状】钙磷缺乏主要引起雏鸡的佝偻病，常常发生于6周龄以下的雏鸡，由于缺乏的营养成分不同，表现不同。病鸡表现腿跛，行走不稳，生长速度变慢，腿部骨骼变软而富有弹性，关节肿大。跗关节尤其明显。病鸡休息时常是蹲坐姿势。病情发展严重时，病鸡可以瘫痪。但磷缺乏时，一般不表现瘫痪症状。

【解剖病变】病鸡骨骼软化，似橡皮样，长骨末端增大，骺的生长盘变宽和畸形（维生素D_3或钙缺乏）或变薄（磷缺乏）。胸骨变形、弯曲，与脊柱连接处的肋骨呈明显球状隆起，肋骨增厚、弯曲，致使胸廓两侧变扁。喙变软、橡皮样、易弯曲，甲状旁腺呈明显增大。

【防治】

（1）如果日粮中缺钙，应补充贝壳粉、石粉，缺磷时应补充磷酸氢钙。钙磷比例不平衡要调整。

（2）如果日粮中已出现维生素D_3缺乏现象，应给以3倍于平时剂量的维生素D_3，2～3周，然后再恢复到正常剂量。

十四、锰缺乏症

锰在体内对家禽的生长、骨骼的发育、蛋壳形成和正常生殖能力的维持等方面都起到重要的作用。

【常见原因】鸡的锰缺乏症是比较常见的，原因主要是：

（1）微量元素添加剂质量低劣，含锰不足。

（2）钙、磷过量，使锰的利用率降低。

（3）胆碱、盐酸、生物素及维生素D、B_2、B_{12}不足，使鸡对锰的需要量增加。

（4）其他影响因素，如鸡患球虫病等胃肠道疾病及药物使用不当时锰的吸收利用受到影响。

【临床症状】雏鸡锰缺乏的特征症状是生长停滞，骨短粗症。胫-跗关节增大，胫骨下端和跖骨上端弯曲扭转，使腓肠肌腱从跗关节的骨槽中滑出而呈现脱腱症状。病禽腿部变弯曲或扭曲，腿关节扁平而无法支持体重，将身体压在跗关节上。严重病例多因不能行动无法采食而饿死。

成年母鸡产的蛋孵化率显著下降，鸡胚大多数在快要出壳时死亡。胚胎躯体短小，骨骼发育不良，翅短，腿短而粗，头呈圆球样，喙短弯呈特征性的"鹦鹉嘴"。此鸡胚为短肢性营养不良症。

【解剖病变】本病死亡禽的骨骼短粗，管骨变形，骺肥厚，骨板变薄，剖面可见密质骨多孔，在骺端尤其明显。骨骼的硬度尚良好，相对重量未减少或有所增加。

【防治】对病鸡除了要补充锰外，还应补充胆碱、生物素及相关维生素。可在每100千克饲料中添加硫酸锰20~40克，氯化胆碱100~120克，多种维生素增加到40克，有条件的可补充些青绿饲料，达到补充生物素的目的。雏鸡腿骨变形和脱腱的，一般没有康复的希望，应加以淘汰。当没有硫酸锰时，也可在饮水中加万分之二的高锰酸钾，每天更换2~3次，保持溶液新鲜，连饮2天，停2天，再饮2天，如此反复几次。这样做的效果不及硫酸锰，而且高锰酸钾对消化道有刺激性，不可长期使用，最后还必须依靠优质微量元素添加剂或硫酸锰来加以解决。特别要注意的是：高锰酸钾用于饮水，浓度要比用于消毒低得多，不要超过万分之二，否则容易出现问题。

另外鸡对过量的锰有一定的耐受性，当成年鸡饲料中含0.1%的纯锰，比需要高出将近20倍，短时期无明显中毒表现，所以一般不会发生锰的中毒问题，只是饲料含锰过多时对维生素A有一定的破坏作用。

十五、硒缺乏症

硒是家禽必需的微量元素，它是体内某些酶、维生素以及某些组织成分不可缺少的元素，为家禽生长、生育和防止许多疾病所必需。

【常见原因】硒的主要作用是同维生素E协同阻止体内某些代谢产物对细胞膜的氧化作用，保护细胞膜不受损害。硒与维生素E对鸡有相似功能，又有互补作用，硒与维生素 E 如果其中一种缺乏，另一种充足有余，则引起的症状比较轻；如果两种都缺乏则症状加重。另外维生素 E 在生殖机能方面的作用，是硒所不能替代的。

【临床症状】硒缺乏的雏鸡，临诊特征为渗出性素质、肌营养不良、胰腺变性和脑软化。渗出性素质常在 2～3 周龄的雏鸡开始发病为多，到 3～6 周龄时发病率高达 80%～90%。多呈急性经过，重症病雏可于 3～4 日内死亡，病程最长的可达 1～2 周。病雏主要症状是躯体低垂的胸、腹部皮下出现淡蓝绿色水肿样变化，有的腿根部和翼根部亦可发生水肿，严重的可扩展至全身。出现渗出性素质的病鸡精神高度沉郁，生长发育停滞，冠髯苍白，伏卧不动，起立困难，站立时两腿叉开，运步障碍。排稀便或水样便，最终衰竭死亡。剖检的病理变化，水肿部有淡黄绿色的胶冻样渗出物或淡黄绿色纤维蛋白凝结物。颈、腹及股内侧有淤血斑。

有些病雏呈现明显的肌营养不良，一般以 4 周龄幼雏易发。其特征为全身软弱无力，贫血，胸肌和腿肌萎缩，站立不稳，甚至腿麻痹而卧地不起，翅松乱下垂，肛门周围污染，最后衰竭而死。

【解剖病变】剖检的病理变化，主要病变在骨骼肌、心肌、肝脏和胰脏，其次为肾和脑。病变部肌肉变性、色淡、似煮肉样，呈灰黄色、黄白色的点状、条状、片状不等；横断面有灰白色、淡黄色斑纹，质地变脆、变软、钙化。心肌扩张变薄，以左心室为明显，多在乳头肌肉膜有出血点，在心内膜、心外膜下有黄白色或灰白色与肌纤维方向平行的条纹斑。肝脏肿大，硬而脆，表面粗糙，断面有槟榔样花纹；有的肝脏由深红色变成灰黄色或土黄色。肾脏充血、肿胀，肾实质有出血点和灰色的斑状灶。胰脏变性，腺体萎缩，体积缩小有坚实感，色淡，多呈淡红色或淡粉红色，严重的则腺泡坏死、纤维化。

有的病雏主要表现平衡失调、运动障碍和神经扰乱症。这是由于维生素 E 缺乏为主所导致的小脑软化。

【防治】硒缺乏病鸡可用亚硒酸钠与维生素 E 的混合制剂进行治疗，也可分别使用这两种药品，即每 100 千克饮水加 0.1% 亚硒酸钠注射液 150 毫升，每 100 千克饲料加维生素 E 100 万单位或植物油 500 克，连用 5～7 天，一般能够基本控制病情。此后要选用含硒的优质微量元素添加剂，保证硒的正常供给。但必须注意，如果饲料中添加过量的硒也会引起中毒，雏鸡和青年鸡饲料中含硒超过 500 毫克/100 千克饲料时鸡的生长发育受阻，羽毛松乱，神经过敏，性成熟延迟。种鸡饲料含硒超过 500 毫克/100 千克饲料，则其种蛋入孵后会产生大量畸形胚胎。

十六、蛋白质缺乏症

蛋白质是鸡生命活动中必不可少的一种重要营养物质，是构成机体的主要成分，是组成鸡体细胞和鸡蛋的主要成分，也是体内酶类、激素、抗体的重要组成成分，也是鸡体维持旺盛的新陈代谢、生长发育和繁殖及保持健康十分重要的物质。

【常见原因】导致鸡的蛋白质缺乏的原因很多，其中主要是饲料中蛋白质含量太低和疾病的影响。如果饲料中动物性蛋白及各种氨基酸比例过低或失调，或饲料在加工配制过程中造成较多的蛋白质破坏，就会出现蛋白质缺乏。

【临床症状】一般生长较快的雏鸡和处于产蛋高峰期的母鸡易发生此病。雏鸡发病后，因缺少组成鸡体的原料而生长发育迟缓。因鸡体蛋白质缺乏，血液的胶体渗透压降低，血液中的水分外渗而导致皮下发生水肿。还可导致营养性贫血，血液中的血细胞总数下降，血红蛋白的含量也降低，外观可见鸡冠苍白等症状。由于血液中免疫球蛋白含量下降，鸡的体质下降，抗病能力差，易继发其他传染性疾病而死亡。产蛋的母鸡主要表现为产蛋量下降甚至停产。公鸡精子活力差，种蛋的受精率和孵化率都降低。

【解剖病变】鸡体消瘦，肌肉苍白萎缩，脂肪胶样浸润，皮下水肿，血液稀薄且凝固不良，胸腹腔和心包积液。

【防治】如果是由饲料中蛋白质不足所引起的，应先对饲料中蛋白质含量进行测定，根据测定结果补充蛋白质或氨基酸添加剂，配制成营养全价饲料。鸡日粮中蛋白质饲料的含量，蛋雏鸡一般为 18.7%～20%；肉仔鸡为 18%～21%；产蛋鸡根据不同日龄产蛋量，给予的蛋白质饲料应有所差别，一般为 10.3%～17.3%。其中动物性蛋白质饲料不少于 3%。在饲养管理中，应经常细心观察鸡群，发现病情后及时补充蛋白质饲料和必需氨基酸类添加剂。如果是由其他疾病所致，则应针对病因进行治疗，同时补充一定量的蛋白质饲料。

第四节　常见寄生虫病的诊治

一、鸡球虫病

【流行特点】鸡球虫病是由艾美耳属的9种球虫寄生于鸡的肠道黏膜上皮细胞内引起的一种急性流行性原虫病。鸡球虫病的病原为原虫中的艾美耳科艾美耳属的球虫。主要有寄生于盲肠的柔嫩艾美耳球虫和寄生于小肠黏膜的毒害艾美耳球虫。球虫卵囊的抵抗力很强,在土壤中能存活4~9个月,在潮湿温暖条件下经18~36个小时,就可形成侵袭性卵囊。卵囊对干燥的抵抗力较弱,在相对湿度21%~30%,温度18~40℃时经1~5天即可死亡。本病以湿热多雨的夏季多发,主要发生于3个月以内的幼鸡。其中以2~7周龄鸡最易感,10日龄以内雏鸡少发,1月龄左右鸡多患盲肠球虫,2月龄以上鸡多患小肠球虫。鸡感染球虫的途径主要是吃了感染性卵囊。卵囊随粪便排出,污染的饲料、饮水、土壤、运输工具、饲养人员、昆虫等都可成为本病传播流行的媒介,病鸡、康复鸡因可不断排出卵囊,是本病传播的重要传染源。

【临床症状】盲肠球虫主要发生于1月龄左右的散养鸡。患鸡闭眼、呆立,排出带有血液的稀粪或排出的全部是鲜血,死亡率可达70%。患小肠球虫的病鸡临床上主要表现逐渐消瘦、鸡冠苍白,排水样稀便并带有血液。

【解剖病变】患盲肠球虫的病死鸡主要表现盲肠肿胀,外表变成暗红色,内含血液或血凝块。肠壁的浆膜可见针头大的灰白色斑点;黏膜小点出血,肠壁肥厚,内容物大部分为血液和血凝块。鸡小肠球虫病剖检肠道的病变和程度与球虫的种别有关,毒害艾美耳球虫主要侵害小肠中断,该部肠壁增厚,坏死,从浆膜面可见圆形白色斑点,黏膜上有许多出血点。巨型艾美耳球虫也主要侵害小肠中段,但病变程度较毒害艾美耳球虫的轻。堆型艾美耳球虫和哈氏艾美耳球虫均主要侵害十二指肠及小肠前段,解剖主要表现为肠壁上有大量淡灰色斑点呈横行排列或有多量针尖大的出血点。

【预防】

(1)保持清洁卫生,加强环境消毒。

(2)严格搞好饲料及饮水卫生管理,防止粪便污染,及时清除粪便,堆放发酵以杀灭卵囊，清洗笼具、饲槽、水具等是预防雏鸡球虫病的关键。圈舍、食具、用具用 20% 石灰水或 30% 的草木灰水或百毒杀消毒液（按说明用量对水）泼洒或喷洒消毒。保持适宜的温度、湿度和饲养密度。

（3）对于实行地面平养的鸡尤其是肉鸡，必须用治疗性药物进行预防：即自鸡 15 日龄起，连续预防用药 30～45 天，为了防止球虫对药物产生抗药性，必须交替使用或联合使用数种抗球虫药。

（4）对于笼养鸡，预防用药也是自鸡 15 日龄起，连续用药 7～10 天；开产前一个月同样用药 7 天。

（5）疫苗预防，疫苗防治是解决耐药性和药残问题的有效途径，常发球虫病有特异性的疫苗，最好是多价球虫疫苗。

（6）加强营养，尽可能多补充维生素 A 和维生素 K 以增强机体免疫能力，提高抗体水平。

【治疗】对鸡球虫病的防治主要是依靠药物，经常使用的抗球虫药，有以下几种：

（1）氯苯胍，预防按 30～33 毫克／千克浓度混饲，连用 1～2 个月，治疗按 60～66 毫克／千克混饲 3～7 天，后改预防量予以控制。该药在蛋鸡产蛋期禁用。

（2）鸡宝 20，每 50 千克饮水加本品 30 克，连用 5～7 天，然后改为每 100 千克饮水加本品 30 克，连用 1～2 周。

（3）10% 盐霉素钠，每 100 千克饲料用 5～7 克拌料投喂，连用 3～5 天。

（4）可爱丹，混饲预防浓度为 125～150 毫克／千克，治疗量加倍。

（5）磺胺二甲氧嘧啶，每 100 千克饲料拌药 50 克，连用 3 天，停 3 天再用 3 天（预防剂量减半）。

（6）青霉素，按每千克体重 2 万～3 万单位配合维生素 K_3 针剂 0.2 毫克混合肌注，每天 1 次，连用 3 天。

二、鸡组织滴虫病

【流行特点】鸡盲肠肝炎又叫鸡组织滴虫病，是雏鸡和青年鸡比较常见的寄生虫病。本病病原体是一种单细胞的微生物，称为盲肠肝炎单胞虫，寄生于鸡的盲肠和肝脏中。该病主要侵害盲肠和肝脏，严重感染时，由于血液循环障碍，病鸡头部呈黑紫色，所以又称"黑头病"。本病没有季节性，但在温暖、潮湿、多雨的夏秋季节发生较多，寒冷冬季少发。8周龄至4月龄的鸡易感，成鸡感染后，临床症状不明显，但粪便含虫，成为传染源。本病主要经消化道感染，传染途径有两种：一是排出的虫体直接被鸡吃进，引起发病；二是鸡吃进带单胞虫的异刺线虫卵，使鸡同时感染异刺线虫与单胞虫，有时候带单胞虫的异刺线虫卵被蚯蚓、蟋蟀和蚱蜢等吃进，鸡又捕食了这些小动物也能引起感染发病。鸡组织滴虫由于盲肠虫卵的保护，在土壤中能生存很长时间，成为长期的感染源。鸡场一旦发病，很难根除病源。卫生条件不好，鸡舍过于拥挤，通风不良，饲料质量差，缺乏维生素等因素，都可诱发本病的流行，给养殖业带来严重的损失。

【临床症状】8周到4月龄鸡多发。临床上病鸡表现精神委顿、翅下垂、羽毛粗乱无光泽。食欲不振，腹泻物呈淡黄绿色，有泡沫和臭味。病重鸡以冠和肉髯为蓝紫色为特征。

【解剖病变】肝脏肿大，表面形成圆形或不规则形的中间凹陷的边沿隆起形似纽扣状的黄色或灰绿色溃疡病灶外，一侧或两侧盲肠肿大，盲肠壁肥厚，黏膜有出血性溃疡，肠腔内有干酪样栓塞，致肠腔膨大，横断面呈同心圆。

【预防】

（1）加强饲养管理，保证饲料和饮水卫生。鸡舍与运动场要经常打扫，保持清洁卫生，鸡粪要堆积发酵，减少粪便对饲料、饮水的污染。

（2）幼禽与成禽要分开饲养，雏鸡最好离地饲养，使其不接触粪便与污物，防止异刺线虫侵入鸡体内，切断传染源。

（3）平时除进行对组织滴虫的预防性驱虫之外，必须使用驱除异刺线虫的药物，方能提高防治盲肠肝炎的效果。

（4）发病期间选用敏感消毒药对鸡舍进行带鸡消毒，每天1次。其次就是隔离病鸡。

【治疗】

（1）发病初期，可以使用氯苯胂，按照1~1.5毫克/千克体重的用量，用蒸馏水配成1%溶液，静脉注射，必要时3天后重复注射一次，疗效显著。

（2）甲硝唑（规格0.2克/片），按大鸡100毫克/只，小鸡50毫克/只的量研碎拌料或单喂。连用三天可见效。对于少食或不食的病鸡，可以灌服 1.25%的甲硝唑溶液，每只每次 1 毫升，每日 3 次。

（3）左旋咪唑，每千克体重 25~35 毫克自由饮水，隔 2~3 周后再用 1 次。

（4）本病常伴有细菌感染，在应用上述药物时，可适当并用广谱抗生素，补充维生素 K、维生素 A，维生素 B 促进盲肠和肝脏组织的恢复。

三、鸡刺皮螨病

【流行特点】刺皮螨又称红螨或统称为鸡螨。它本身是灰色的，因其体内常有吮吸的血液，所以外观呈红色。是广泛存在于世界各地的吸血外寄生虫。寄住于鸡、鸽、麻雀等禽类的窝巢内，吸食禽血，有时也吸人血。每年在温暖季节大量繁殖，是鸡的重要害虫，也是禽霍乱菌、白血病病毒的传播媒介。鸡螨主要通过野鸟传播侵入鸡舍，鸡螨白天隐匿在鸡舍墙缝、栖架或笼架等处（本病又称栖架病），夜间出来叮咬鸡。因此，鸡群感染本病后，起初不易被人们发现。鸡刺皮螨在发育期间，除幼虫时期不吃食外，都需吮吸鸡血。每只鸡螨每天在鸡身上停留一个小时，吸饱血后就离开鸡体，隐匿在鸡舍缝隙里产卵、蜕皮和交配。雌螨一昼夜产 4~7 个卵。虫卵经幼虫、若虫阶段发育为成虫，约需 7~10 天时间。刺皮螨可以在没有食物的情况下生存 34 周。

【临床症状】鸡表现发痒，常啄咬痒处，受严重侵袭的鸡，日渐消瘦，贫血，产蛋下降。夜间观察鸡群，可见鸡头插入羽毛内啄食，不安。

【防治】鸡螨白天隐匿在鸡舍墙缝、栖架或笼架等处，用 0.5% 敌百虫溶液和 0.3% 的杀灭菊酯等杀虫药物喷洒和涂刷栖架、墙壁以及一切可能藏有虫体的地方。产蛋箱应用沸水浇烫，再在阳光下暴晒，彻底杀灭鸡螨。为彻底杀灭虫体，最好是间隔 1 周喷雾 2 次。用 0.002% 的杀灭菊酯温水溶液对鸡舍及鸡体喷雾，尤其是鸡舍、用具的缝隙处严格喷药后，杀虫效果更好。

四、鸡突变膝螨病

【流行特点】突变膝螨又叫鳞足螨，一般寄生于鸡的脚趾部无毛处。其生活史全部在鸡体上经过，雌虫在鸡脚的皮下穿行，在皮下组织中形成隧道，在隧道中产卵，幼虫经变态后变成成虫，寄生在脚皮的鳞片下。健康的鸡接触病鸡或被污染的环境而受侵袭，传播较慢。

【临床症状】由于螨虫的寄生，刺激鸡的皮肤引发炎症，大量渗出物在皮肤鳞片下形成黄色痂皮，鸡腿显著肿大，好像涂了一层石灰，所以又叫"石灰脚"。患部发痒，常因瘙痒而使患部发生创伤，病重的形成关节炎或趾骨坏死。病鸡行走困难，食欲减退，生长及生产受到影响。

【防治】防止病原的机械或生物性传播。发现病鸡应立即隔离治疗，先把病鸡两脚浸入温肥皂水中，刮掉泡软的痂皮，再用溴氰菊酯患部涂擦及环境、笼舍喷药相结合。

五、鸡羽虱病

鸡羽虱属节肢动物门、昆虫纲、食毛目的一种体外寄生虫。寄生于家禽体表的羽虱种类很多，常见的有鸡羽虱、鸡体虱、广幅长圆虱、大姬圆虱等种类，且各具其严格的宿主，寄生部位也较恒定。鸡虱病是由各种鸡羽虱寄生于鸡体表或附于羽毛绒上，引起禽体奇痒。鸡羽虱是一种永久性寄生虫，全部生活史都在鸡身上进行，一般不吸血，以啮食毛、羽、皮屑为生，离开鸡体2～3天即可死亡。本病在秋冬季节多发，密集饲养时易发。

鸡羽虱属不完全变态，缺蛹的阶段，整个生活史都在鸡身上进行，由卵经若虫发育为成虫。卵期约1周，若虫阶段需经3～5次蜕皮发育为成虫，需2～4周时间。成熟雄虫于交配完死亡，雌虫可产卵，2～3周产完卵后死亡。鸡虱的传播方式是宿主间的直接接触，或通过公共用具间接传播，动物间的拥挤，也是传播的最佳途径。由于秋冬动物羽毛浓密，适合羽虱生长。因此，秋冬季节是羽虱繁殖最旺盛的季节。

主要致病作用是瘙痒作用，影响鸡的采食与休息等。表现为病鸡奇痒不安，常啄断自体羽毛与皮肉，食欲下降与渐进消瘦，蛋鸡则影响产蛋。鸡群虽不引起死亡，但造成生产性能降低，损失非常严重。

【临床症状】患鸡由于啄痒而伤及皮肤，并引起羽毛脱落。食欲不佳而消瘦，生产性能下降。受侵袭严重的雏鸡，生长发育停滞，体质衰弱，甚至引起死亡。

【预防】

（1）为了制止本病的传播和流行，必须对鸡舍、鸡笼、饲槽、饮水槽等用具进行彻底消毒。

（2）对新进的鸡群要加强检疫，防止将鸡虱带入。

【治疗】

（1）沙浴法。在鸡运动场内建一方形浅地，每50千克细沙配5千克硫磺粉，充分混匀，铺成10~20厘米厚，让鸡自行沙浴，消除虫体。也可用阿维菌素1%粉剂10克，拌入20~30千克沙中，让鸡自行沙浴，消除虫体。

（2）水浴法。用温水（37~38℃）配成0.7%~1.0%的氟化钠水溶液。为增强效果，也可加入0.3%的肥皂水和1%的硫磺，将鸡浸入药液中至鸡羽湿透为止，用时注意鸡头部，以防中毒。或用10%二氯苯醚菊酯，加5 000倍水，用喷雾器对鸡逆毛喷雾，全身都必须喷到，然后遍喷鸡舍。

（3）灭虫素。灭虫素每毫升含伊维菌素10毫克，是防治鸡虱病安全、高效的药物，适宜剂量以每千克体重1%灭虫素0.2毫克，于翅内侧皮下注射，间隔10天，再注射一次，一般两次即可治愈。此法治鸡虱疗效显著，较药浴方便，不受季节限制。

（4）喷粉撒粉。用2%~3%除虫菊粉或5%硫磺粉，喷粉直接撒在鸡翼下、双腿内侧、胸、腹和其他寄生部位，能把鸡虱杀死。

（5）用精制敌百虫片研细后同灭毒威均匀混水喷雾，效果非常好。具体用法是：每1 000只成年蛋鸡用量为敌百虫片250片（规格为0.3克）、灭毒威粉为75克，将敌百虫片研细后同灭毒威粉一同混入15千克温水中完全溶解，搅匀后全方位喷雾，间隔5~7天，再进行一次，会完全彻底灭净。

注意事项：

（1）依据鸡虱生活史，在驱鸡虱后，相隔10天需进行第二次治疗，才能把新孵化出来的幼虱杀死。在治疗时，必须同时对鸡舍、鸡巢、运动场的地面、墙壁、栖架、垫草、缝隙及用具进行消毒喷洒，杀灭环境中的鸡虱。

（2）灭虱药物均有一定的毒性，不要污染饲料和饮水，用药后要及时清理残留的药液或药沙。鸡舍喷洒药物后需充分通风换气。

六、鸡住白细胞原虫病

【流行特点】鸡住白细胞原虫病是由白细胞原虫寄生于鸡白细胞（主要是单核细胞）和红细胞内引起的一种血孢子虫病。临床特征为贫血、鸡冠苍白，又称"白冠病"。病原为孢子虫纲，疟原虫科，住白虫病的原虫。我国有卡氏白细胞原虫和沙氏白细胞原虫两种，卡氏白细胞原虫是毒力最强、危害最严重的一种，其发育分为裂殖阶段、配子阶段、孢子阶段。

鸡住白细胞原虫病是由蚋或库蠓在叮咬鸡、吸鸡血时所传播的一种寄生虫病。本病发生于蚋和库蠓出现的季节，一般气温在20℃以上时，库蠓和蚋繁殖快、活动力强，本病流行也就严重，因此本病的流行有明显的季节性，各地的流行季节随气候的差异有很大的不同，在北方流行高峰在7～9月份，南方地区多发生在4～10月份，本病的感染来源主要是病鸡及隐性感染的带虫鸡（成鸡），多发生于3～6周龄小鸡，发病严重，死亡率高达5%～80%；青年鸡感染率较雏鸡高，但死亡率不高，一般在10%～30%；成年鸡的感染率最高，但死亡率很低，一般在5%～10%，耐过的病鸡有一定的免疫力，土种鸡也有一定的抵抗力。

【临床症状】3～6周龄的雏鸡常表现为急性型，病雏伏地，咳血，呼吸困难，突然死亡，死前口流鲜血；亚急性型，表现精神沉郁，食欲减退，羽毛蓬乱，伏地，贫血，表现鸡冠和肉髯发白，排绿色粪便，呼吸困难，常于1～2天死亡；青年鸡和成年鸡多表现慢性型，临床精神不振，鸡冠和肉髯发白，绿色稀便，体重下降，产蛋下降或停止，死亡率不高，大部分可逐渐恢复。

【解剖病变】口腔内有鲜血、胸肌、腿肌、肾脏、胸腺、胰脏、肝脏等多处有针尖大、粟粒大、蚕豆大隆起的点状出血或不整齐的出血斑。

【预防】

（1）搞好鸡舍内外环境卫生，鸡舍内尽量做到空气流通、光线充足；清除鸡舍周围杂草、水塘、粪便等。

（2）扑灭传播者——蠓、蚋。防止蠓蚋等昆虫进入鸡舍；鸡舍门、窗应装上纱门窗，在发病季节即蠓、蚋活动季节，应在日出、日落时，在鸡舍内外及纱窗上，间隔3天喷洒7%的马拉硫磷或5%的DDT等药物，或每隔5天，在鸡舍外用0.01%溴氰菊酯或戊酸氰醚酯等杀虫剂喷洒，以杀灭库蠓，切断传播途径。

（3）对感染鸡群，用0.01%溴氰菊酯每天喷雾1次。

（4）磺胺二甲氧嘧啶、磺胺二甲基嘧啶、乙胺嘧啶、磺胺喹啉，按0.005%拌料喂食，有预防作用。

（5）适当提高饲料的营养浓度，增加维生素、动物性蛋白饲料的用量，保持较好的适口性。

【治疗】

（1）克球粉，0.4%浓度混入饮料中，连喂5～7天。

（2）磺胺类药物，复方磺胺二甲氧嘧啶（拌料为0.5克/千克饲料）、复方磺胺－5－甲氧嘧啶（拌料为0.4克/千克饲料）、复方磺胺－6－甲氧嘧啶（拌料为0.4克/千克饲料）连喂5～7天。

在选择上述药物时应注意以下几点：①在产蛋期要考虑到对产蛋的影响，对蛋鸡、种鸡要限制使用。②使用磺胺类药物时，由于在尿中易析出磺胺结晶，导致肾脏损伤，因此，应在饲料中添加小苏打，以减少磺胺类药物的结晶形成。

（3）复方泰灭净，用于治疗首次量以0.5%浓度混入饲料，连喂3天，维持量以0.05%浓度混料，连喂14天。用于预防以0.025%混料长期喂用。

（4）广虫灵，预防量混饲浓度为125毫克/千克，治疗量混饲浓度为250毫克/千克，连用5～7天。

治疗时，择药准确，剂量用足，时间用够，针对该病严重广泛性出血的特点，考虑止血＋抗虫的模式来治疗，在使用抗虫药物的同时，另可添加维生素 K_3（拌料5毫克/千克饲料）、维生素 C（拌料0.05克/千克饲料）、止血敏（拌料0.1克/千克饲料）等；对于一些脱水的鸡只，由于其电解质代谢紊乱，应在饮水中添加电解多维＋葡萄糖以增强鸡体的抵抗力。

第五节　常见中毒性疾病的诊治

一、食盐中毒

【常见原因】鸡食盐中毒最常见的原因是配料的鱼干或鱼粉含盐量过高。鱼粉往往掺有其他成分，含盐量一般低于鱼干，但有的含盐在10%以上。因此，用海鱼干或海鱼粉配料，最好测定其含盐量，以确定其安全用量，不足部分用淡鱼干、血粉、肉骨粉等补充，务必使配合饲料的含盐量最多不超过 0.5%。进口鱼粉的含盐量一般在 3%～4%，但不同货源有不同情况，也应当经过化验，了解其确切含盐量再使用。

【临床症状】初产至高峰产蛋鸡多见。当饲料中食盐超过常量，但达不到中毒量时，临床多表现饮水量明显增加，粪便无异样颜色但稀薄如水；中毒时因引起消化道发炎，病鸡精神不振，采食量减少，腿发软，同时产蛋量急剧下降。随着病情的加重，出现呼吸困难，最后呼吸衰竭而死。

【解剖病变】死鸡食道、嗉囊黏膜充血，嗉囊中充满黏液性液体，黏膜易剥脱。腺胃黏膜充血，表面有时形成伪膜。小肠呈现卡他性炎症，有时见有出血。心包积水，肺水肿，脑膜下血管扩张充血，有时见有小点出血。

【防治】对病鸡要立即停喂含盐过多的饲料，轻度与中度中毒的，供给充足的新鲜水，症状可逐渐好转，严重中毒的要适当控制饮水，饮水太多促进食盐吸收扩散，使症状加剧，死亡增多，可每隔 1 小时让其饮水 20 分钟左右，以防止食盐过快吸收扩散。

二、棉籽饼中毒

【常见原因】在实践中鸡的棉酚中毒主要有以下几种原因：

（1）用带壳的土榨棉籽饼配料。这种棉籽饼的游离棉酚含量很高，不能用于喂鸡，从营养角度来说，它含有大量木质素和粗纤维，用来喂鸡也不太适宜。

（2）用棉仁饼配料占的比例过大。棉仁饼含粗蛋白 30% 以上，并含有比较丰富的硒、磷和 B 族维生素，是一种应当积极加以利用的蛋白质饲料资源。但由于棉仁饼含有棉酚，如果在鸡的饲料中配入 8%～10% 以上，并持续饲喂较长时间就容易引起中毒。

【临床症状】棉籽饼中引起中毒的主要成分是棉酚和环丙烯酸等，其刺激胃肠黏膜引起出血性炎症，病鸡食欲减退，排黑褐色稀粪，常混有黏液、血液和脱落的肠黏膜；公鸡表现精液中精子数量减少，活力减弱，种蛋的受精率降低；商品蛋储存稍久，蛋黄和蛋清出现粉红等异常颜色，煮熟的蛋黄较坚韧并且具有弹性，俗称"橡皮蛋"。

【解剖病变】死鸡可见心肌松软无力，肝肿大，色黄质硬，肺水肿，胸腹腔积液。母鸡输卵管高度萎缩。

【防治】发生中毒时，对病鸡应停喂含有棉仁饼或棉籽饼的饲料，多喂些青绿饲料。病鸡经 1～3 周可逐渐恢复。为了防止鸡群中毒的发生，应当不用带壳棉籽饼喂鸡，棉仁饼要合理利用。

（1）对棉籽饼进行去毒处理。饲料中每配入 100 千克棉仁饼，同时拌入 1 千克硫酸亚铁。在鸡的消化道内，棉酚与铁结合即失去毒性，棉仁饼的其他去毒方法还有蒸煮 2 小时、用 2%～2.5% 的硫酸亚铁溶液浸泡 24 小时，这种方法因很费时、费力、多数情况下不使用。

（2）在饲料中限量使用。棉仁饼在蛋鸡饲料中所占比例以 5%～6% 为宜，使用极限最多不超过 8%；在肉用仔鸡饲料中不超过 10%，经过去毒处理的棉籽饼不超过 15%。

（3）间断使用。由于棉酚在体内蓄积作用较强，鸡饲料中最好不要长期使用棉仁饼，每使用 2 个月后停用 10～15 天。

（4）分年龄阶段区别情况使用。1 月龄以下的雏鸡不喂棉仁饼，青年鸡可以适量多喂，18 周龄以后及整个产蛋期尽量少喂，种鸡在提供种蛋期间不喂。

（5）适当增加青绿饲料。青绿饲料可显著增强动物机体对棉酚的解毒能力。凡鸡的饲料中配入棉仁饼的，应尽可能供给充足的青绿饲料，如做不到，应增加多种维生素用量，但其效果不及青绿饲料。

三、黄曲霉毒素中毒

【常见原因】黄曲霉菌是一种真菌，广泛存在于自然界，在温暖潮湿的环境中最易生长繁殖。所以，鸡的各种饲料，特别是花生、玉米、豆饼、棉仁饼、大麦和小麦等，由于受潮受热而发霉变质后，霉菌大量繁殖，其中主要的是黄曲霉菌及其他霉菌，鸡吃了这些发霉变质的饲料即引起中毒。黄曲霉素有 B_1、B_2、G_1、G_2 等数种，其中以 B_1 毒性最强。

【临床症状】病雏鸡腹泻，粪便多混有血液，共济失调，以呈现角弓反张症状而死亡。成年鸡多为慢性中毒症状，使母鸡易引起脂肪肝综合征，产蛋率和蛋孵化率降低。

【解剖病变】解剖病死家禽的肝脏肿大，弥漫性出血和坏死；慢性型病例则为肝体积缩小、硬变，有的为肝细胞癌或肝管癌。

【防治】发现中毒要及时更换饲料，对鸡群加强护理，使其逐渐康复。对急性中毒的雏鸡喂给 5% 的葡萄糖水，有微弱的保肝解毒作用。鸡舍内外要彻底清扫，槽具用 2% 的次氯酸钠消毒，消灭霉菌孢子。

为预防本病的发生，平时要搞好饲料保管，注意通风，防止发霉，不用发霉饲料喂鸡。为防止发霉，可用福尔马林对饲料进行熏蒸消毒。

四、磺胺类药物中毒

【常见原因】在生产中，磺胺类药物引起中毒有以下几种情况：

（1）饲料和饮水中药物搅拌不均匀而引起部分鸡中毒。

（2）在 1 月龄以下的雏鸡对磺胺类药物敏感性较高，即使选用毒性较低的复方敌菌净，按正常用量于每千克饲料中拌入 0.3 克，连续用药超过 5 天，就有可能引起中毒。

（3）产蛋鸡按正常剂量服用磺胺类药物超过 5 天，有的没有什么不良反应，也有的产蛋量明显减少，而且经久不能恢复。

（4）各日龄的鸡如果磺胺类药物用量过大，连续用药时间超过 7 天以上，都会引起急性严重中毒。

【临床症状】病鸡具有全身出血性变化。病仔鸡表现抑郁，厌食，饮欲增加，腹泻，鸡冠苍白。有时头部肿大呈蓝紫色，这是由于局部出血造成。有的发生痉挛、麻痹等症状。成年病母鸡产蛋量明显下降，蛋壳变薄且粗糙，棕色蛋壳褪色或下软蛋。有的出现多发性神经炎。

【解剖病变】剖检死鸡，肾、肝和脾皆肿大。

【防治】如果发现中毒应立即停止用药，供给充足的饮水，并在其中加入 1%~2% 的小苏打，每千克饲料中加维生素 C 0.2 克，维生素 K_3 5 毫克，连续数日至症状基本消失为止。

防止鸡的磺胺类药物中毒可采取以下措施：

（1）对 1 月龄以下的雏鸡和产蛋鸡不适用磺胺类药物，如果必须使用，则要慎重，用药量一定要控制准确。

（2）各种磺胺类药物的治疗剂量不同，应严格掌握，剂量应计算准确，防止超量，并将饲料或饮水中的药物混合均匀，连续用药的时间不超过 5 天。

（3）选用含有增效剂的磺胺类药物，如复方敌菌净、复方新诺明等，其用量较小，毒性较低。在用药期间务必供应充足的饮水。

五、呋喃类药物中毒

【常见原因】使用禁用的呋喃类药物，无说明书进行用药；使用呋喃类药物未完全按说明书准确操作。如某一呋喃类药物拌料浓度，预防量为0.01%~0.02%，治疗量为0.04%。如果拌料浓度达到0.06%，已经是极量，稍微拌的不均匀就能引起一部分鸡中毒。在一般情况下，鸡的饮水量比采食量高1倍，所以呋喃类药物在饮水中浓度低一半，在天气炎热或感染一些疾病饮水增多时，对浓度更要注意控制。溶解不尽的残渣要滤除，防止中毒。

连续用药的时间最多不超多7天，停3天后方能再用。呋喃类药物如果不混于饲料或饮水中，直接口服，因为药力集中，很容易中毒，0.1克的片剂成年鸡口服半片，约有1/3的鸡中毒致死，鸡对该类药物非常敏感。

【临床症状】急性中毒的鸡，表现在给药后几个小时或几天后就出现死亡，一般临床症状为精神呆滞或兴奋鸣叫，羽毛蓬乱，闭眼缩颈，采食减少甚至废绝，有的头颈反转、转圈运动，有的头颈伸直，以喙触地，个别鸡像有异物卡喉，不时摇头，有的倒地后两腿伸直做游泳姿势或痉挛、抽搐而死。中毒较轻者可缓慢恢复。

【解剖病变】可见口腔黏膜黄染，嗉囊扩张，腺胃、肌胃中有黄色黏液，肌胃内容物呈现深黄色，角质膜部分脱落，病程较长的有不同程度的肠黏膜充血、出血，肠管浆膜面也呈现黄色。肝脏充血肿大，胆囊充盈。

【防治】发现中毒应立即停用呋喃类药物，饮5%葡萄糖水，或0.01%~0.05%高锰酸钾水，必要时注射维生素C和维生素B_1混合液。对6周龄的鸡每只肌注维生素C 14毫克，2次/天。为防止中毒的发生，使用呋喃类药物应严格控制剂量，防止剂量过大，以及防止连续用药时间超过7天和拌料不均匀。凡用粉剂，必须用天平称准，如果没有天平则最好使用片剂。拌料时应该分若干小批进行，每批最多不超过10千克，饮水时浓度应该降到拌料的一半。

六、喹乙醇中毒

【常见原因】用药剂量过大或连续用药时间过长，药物在饲料中搅拌不均匀等原因可引起中毒。

【临床症状】临床一般表现为精神不振，食欲减退或废绝，缩头、鸡冠呈暗红色甚至为紫黑色，拉绿色稀便。根据中毒程度的不同，死前有的拍翅挣扎，尖叫，痉挛，角弓反张，最高死亡率可达98%。

【解剖病变】一般在中毒后3天死亡的，其腺胃黏膜充血或出血，肌胃角质层下出血，十二指肠弥漫性出血。泄殖腔出血严重。肝脏质地脆，初期呈暗紫色或樱桃红色，病程长的颜色变浅，质脆。胆囊肿大，充满胆汁。心脏表面有出血点。脾、肾肿大、质脆。产蛋母鸡卵泡变形有的破裂。

【防治】应加强护理，供给充足的饮水，争取减少死亡。另外，可以内服具有解毒作用的中药。平时使用本药品要严格控制剂量和连续用药时间。

根据我国《兽医药品规范》规定，每吨家禽饲料添加98%喹乙醇原料纯粉25～35克，可满足家禽生长需要。临床的预防剂量为：每吨饲料添加80～100克，连用1周后，停药3～5天；治疗剂量按病禽体重20～30毫克混饲，每天1次，连用3天。

七、高锰酸钾中毒

【常见原因】在使用高锰酸钾来消毒鸡的饮水时，如果在饮水中高锰酸钾的浓度达到0.03%以上，对消化道黏膜就有一定的刺激性、腐蚀性；如果浓度达0.1%可引起明显的中毒。成年鸡口服高锰酸钾的致死量为1.95克。其毒性作用除腐蚀损伤消化道黏膜外，还损害肾脏、心脏和神经系统。

【临床症状】病死鸡口腔、舌、咽黏膜呈红紫色，水肿，呼吸困难，有的表现腹泻，常于一天内死亡。

【解剖病变】消化道特别是嗉囊黏膜有严重的腐蚀和出血。

【防治】对中毒雏鸡应供给充足的洁净饮水，精心护理3～5天可逐渐康复；必要时于饮水中添加2%～3%鲜牛奶或奶粉，对消化道黏膜有一定的保护作用，为防止本病的发生，饮水消毒量不能超过0.01%～0.02%。

八、硫酸铜中毒

【常见原因】用药剂量过大或连续用药时间过长，药物在饲料中搅拌不均匀等原因可引起中毒。

【临床症状】急性中毒病鸡先表现短暂的兴奋然后委靡，流涎，腹泻，呼吸困难，行走不稳，最后昏迷衰竭死亡。慢性中毒则表现精神沉郁和渐进性贫血。

【解剖病变】食道、嗉囊、胃肠黏膜弥漫性充血、出血，严重的见有溃疡或糜烂，表面有淡绿色沉着物。肝、肾等实质器官有严重变性。

【防治】硫酸铜用量小而有毒性，故用药时一定要计量准确，拌入饲料一定要均匀，如用水溶液时，其浓度不得超过 1.5%。

轻度中毒在停用硫酸铜后可逐渐康复。对急性中毒的雏鸡，可用鸡蛋清加水少许搅拌均匀，经口灌服，每只 3~5 毫升。

九、一氧化碳中毒

【常见原因】在育雏室内烧无烟煤，不用烟筒，最容易产生一氧化碳，常造成雏鸡的急性中毒，大批死亡；烧有烟煤如果烟筒堵塞、倒烟，室内通风不良，一氧化碳不能及时排出，也能造成中毒，通常发生的是比较轻微的慢性中毒。总之只要鸡舍内含有 0.1%~0.2% 一氧化碳时，就会引起中毒。

【临床症状】急性中毒时，病雏表现不安或闭眼呆立，呼吸困难，运动失调，进而不能站立，倒于一侧，头向后伸。临死前发生痉挛和惊厥。中毒较轻的雏鸡，病雏羽毛松乱，食欲减少，精神呆钝，生长缓慢。

【解剖病变】急性中毒病例的主要病变是肺和血液呈樱桃红色。较轻的病例常无明显的眼观病变。

【防治】发现中毒，如有条件，最好迅速将雏鸡移到另一间空气新鲜、温度适宜的育雏室内，无此条件时，在保证鸡舍所需温度的前提下，打开窗户，换进新鲜空气。

十、氨气中毒

【常见原因】氨气中毒主要发生于冬春季节、过分注意保暖而忽视通风，鸡舍内的粪便、饲料、垫料等腐烂分解产生大量氨气，尤其是鸡舍潮湿、肮脏等环境会促进氨的产生，使禽舍内氨气浓度增高而引起，鸡舍内氨的浓度应低于 25 毫克/千克，但通风不良的带垫料的鸡舍，氨浓度可超过 100 毫克/千克。高浓度的氨不仅能降低饲料消耗和生长率，产蛋也下降，而且氨可溶解在黏膜和眼的液体中，产生氢氧化铵，引起黏膜和眼角膜的炎症，若持续高于 100 毫克/千克，可导致失明。

【临床症状】病鸡眼睛发红，流泪，羞明怕光，严重时眼睑粘合，失明。鸡群饲料消耗量减少，生长缓慢，整体鸡群生长不良，达不到应有的生长速度，产蛋鸡产蛋量下降。严重病鸡出现呼吸困难，有啰音，甩头，鼻腔内有分泌物。人进入鸡舍亦感到空气对眼睛有刺激。

【解剖病变】眼结膜红、肿，有分泌物，严重时角膜有溃疡，时间较长后，结膜内有干酪样分泌物，眼睑肿胀（与局部继发大肠杆菌感染有关），眼睑粘合，失明，鼻腔内有黏液，鼻黏膜有出血。

【防治】鸡舍要通风良好，冬春季节不要因保暖而忽视通风。垫料不宜过湿，要勤换垫料，以保持鸡舍内适宜的湿度。当发生本病时，要打开门窗，加强通风，更换垫料，降低氨气的浓度，同时使用强力霉素、环丙沙星等抗生素类药物防止继发感染。对有眼部病变的鸡，用眼药水进行点眼，效果良好。

十一、碳酸氢钠中毒

【常见原因】常有使用小苏打不当或过量的情况，特别是雏鸡表现更加明显。

【临床症状】病鸡眼紧闭，昏迷，翅下垂和对外界刺激无反应。

【解剖病变】肝变性，心扩张，肾肿大呈灰白色并有尿酸盐沉积。

【防治】

（1）发现病鸡立即停药，应用5%的葡萄糖生理盐水或新鲜的清洁饮水，有助于病情的缓解。

（2）对雏鸡一般要禁止在饮水或饲料中加碳酸氢钠，防止引起中毒。

第六节　常见杂症的诊治

一、鸡的啄癖

鸡的啄癖是由于营养机能代谢紊乱、味觉异常和饲养管理不当等引起的一种非常复杂的多种疾病的综合征。

【临床症状与病因】鸡的啄癖临床上常见的有以下几种类型：

（1）啄羽癖。幼鸡在开始生长新羽毛或换小毛时易出现，产蛋鸡在产蛋高峰期和换羽期也可发生。营养方面主要表现在为矿物质铁和维生素 B_6 的缺乏。

（2）啄肛癖。多发生于产蛋母鸡，由于腹部韧带和肛门括约肌松弛，产蛋后泄殖腔不能及时收缩回去留露在外，造成互相啄肛。表现在营养方面主要是硫的缺乏等。

（3）啄蛋癖。多见于产蛋高峰期的母鸡，由于饲料中钙和蛋白质的缺乏和不足。

【防治】

（1）断喙。雏鸡在10日龄左右进行第一次断喙，100日龄左右根据情况进行修理或补断。

（2）通过日粮配方的检查和饲料原料营养成分分析，检查是否达到全价营养。如蛋白质和氨基酸不足，则需添加豆饼、鱼粉等；若因缺乏铁和维生素 B_2，则每只成年鸡每天给硫酸亚铁1~2克和维生素 B_2 5~10毫克，连用3~5天；若缺硫引起的啄肛，在饲料中加入0.5%~1%硫酸钠，连用3天，见效后改为0.1%的硫酸钠作为预防；缺盐时，在日粮中添加2%~4%的食盐，直至啄癖消失。

（3）严格鸡舍的光照管理，不能太强，1~2周龄的鸡，光照强度为23勒克斯，生长期为6勒克斯，产蛋鸡为6~12勒克斯。

（4）改善饲养管理，消除各种不良的因素或应激原的刺激，适当的密度、适宜的温度、合理的通风、科学的光照是防治啄癖的关键，另外还应防止应激和笼具等设备引起的外伤。

二、鸡的痛风

鸡的痛风又叫尿酸盐沉着症。是由于尿中的尿酸盐含量较高，在正常情况下，尿由肾脏通过输尿管经排泄腔排出体外，但当肾脏或输尿管发生异常时，排尿不畅或因代谢障碍使血中的尿酸盐含量增高时，随即在肝脏等脏器的浆膜面以及关节腔形成尿酸盐沉着而发病。

【常见病因】

（1）在正常全价配合饲料中额外增加诸如肉渣、鱼粉、豆粕等富含动植物蛋白的物质或饲料本身蛋白质含量过高（超过30%以上）。

（2）饲料中含钙过高。一般表现为在全价饲料中额外添加富含钙的石灰石或石粉等。

（3）日粮中长期缺乏维生素 A 促使痛风发生。

（4）肾功能不全。引起肾功能不全的因素有磺胺类药物中毒、霉玉米中毒；鸡肾病变形传染性支气管炎、传染性法氏囊病等具有嗜肾性，使肾脏受损。

【临床症状】内脏型的病鸡临床主要表现为鸡冠苍白，排出白色如石灰水样稀粪，消瘦，陆续衰竭而死；关节型痛风以 10 日龄以内的雏鸡和开产前后的母鸡多发，主要关节肿胀变形表现为跛行或活动困难。

【解剖病变】特征性的病变，内脏型的，腹腔内脏器官（如肝、心、脾等）浆膜、气囊和腹膜的表面有微小的粉末状白色尿酸盐沉积，肾脏肿大，色淡；表面呈白色花纹状。一侧或两侧的输尿管扩张变粗，呈白色。刮取少许这些白色沉着物，在显微镜下可见针状或无定型的结晶。

关节型的病鸡关节内充满白色黏稠的液体，严重时关节组织发生溃疡坏死。

【防治】该病尚无有效的治疗药物。对于患病鸡群应调查其发病的具体病因，采取切实可行措施。在此基础上，在专业人员的指导下适当减少饲料中蛋白质含量，尤其是动物蛋白质的含量，适当增加维生素的含量；对于疾病并发或诱发的痛风症，使用抗生素时，尽可能使用对肾脏毒性小的药物；供给充足的饮水，并且在饮水中加入增强尿酸排泄的"肾肿解毒药"等。

三、脂肪肝综合征

鸡的脂肪肝综合征，顾名思义就是肝细胞中沉积大量的脂肪，临床上以鸡体肥胖，主要发生于产蛋高峰的鸡群，产蛋减少，突然死亡为特征。

【常见病因】

（1）饲料中玉米以及其他谷物比例过大，碳水化合物过多，使热能过多不能充分利用而以脂肪的形式蓄积下来。

（2）蛋白质尤其是动物性蛋白质以及胆碱、粗纤维等相对不足，失去平衡；或饲料中蛋白质含量过高，造成蛋白质过剩，转化为脂肪蓄积。

（3）饲料霉菌污染尤其是黄曲霉，对肝脏产生毒害作用。

（4）笼养鸡因营养良好而运动不足，导致肥胖。

（5）一些应激因素如天气炎热，舍内通风不良、母鸡过度高产等。

【临床症状】鸡群产蛋量突然减少，产蛋率下降 30% ~ 40%，患病鸡多数精神、食欲良好，体重比正常水平高出 25% ~ 30%，鸡群中死亡率少量增加，个别鸡往往突然死亡。

【解剖病变】剖检死鸡可见肝脏肥大、油腻，呈黄褐色，表面常有出血点；腹脂很多，肠系膜等处沉积有大量脂肪。突然死亡的鸡，肝脏破裂，腹腔内有大量的凝血块。

【防治】该病的预防措施主要在于全价饲料中各种营养成分的合理搭配，尤其是能量和蛋白质营养物质既能满足鸡的生理需要又不要过量。一般情况下，产蛋鸡饲料如果每吨含鱼粉等动物蛋白性原料在 50 千克以下，含豆饼等在 200 千克以下，就需要添加合成蛋氨酸 1 000 克左右。产蛋鸡 1 吨饲料添加商品氯化胆碱 1 000 ~ 1 200 克（即含纯胆碱 50 ~ 60 克）。

当该病发生时，应尽快查找原因进行治疗，并于每吨饲料中添加维生素 E 10 000 国际单位，维生素 B_{12} 12 毫克，氯化胆碱 1 000 克，肌醇 1 000 克，连用 15 ~ 30 天。

四、笼养鸡产蛋疲劳症

笼养鸡产蛋疲劳症是产蛋鸡最主要的骨骼疾病，也叫"成年鸡佝偻病"或产蛋鸡骨质疏松症，多发于产蛋高峰期。

【常见病因】

（1）运动不足。笼养蛋鸡由于活动空间小，运动不足，不能正常蹲伏，加之网眼比较大且呈斜坡状，趾部受力不匀，导致腿部肌肉、骨骼发育不良，从而产生疲劳症。

（2）钙磷比例失调。当饲料中磷的含量过高或钙的含量过低时，机体吸收钙的量减少而引起缺钙。若在蛋壳形成时期缺钙，血钙含量会急剧下降，从而造成瘫痪。

（3）光照不足。笼养鸡长年在鸡舍内饲养，接受阳光照射的机会很少，因此不能通过自身合成维生素 D，这样就影响了机体对钙的吸收，导致机体缺钙。

【临床症状】发病初期产软壳蛋、薄壳蛋，鸡蛋的破损率增加，但食欲、精神、羽毛均无明显变化。之后出现站立困难、爪弯曲、运动失调。如及时发现，采取适当的治疗措施，大多能在 3 ~ 5 天恢复，否则，症状会逐渐加剧，最后常造成跛足，不能站立，胸骨凹陷，肋骨易断裂，瘫痪。

【解剖病变】剖检可发现翅骨、腿骨易碎，肋软骨结合处呈念珠状，并沿此一线骨架凹陷。

【防治】

（1）保证全价营养和科学管理，使育成鸡性成熟时达到最佳的体重和体况。

（2）在开产前 2～4 周饲喂含钙 2%～3% 的专用预开产饲料，当产蛋率达到 1% 时，及时换用产蛋鸡饲料。

（3）笼养高产蛋鸡饲料中钙的含量不要低于 3.5%，并保证适宜的钙磷比例。

（4）给蛋鸡提供粗颗粒石粉或贝壳粉，粗颗粒钙源可占总钙的 1/3～2/3。钙源颗粒大于 0.75 毫米，既可以提高钙的利用率，还可避免饲料中钙质分级沉淀。炎热季节，每天下午按饲料消耗量的 1% 左右将粗颗粒钙均匀撒在饲槽中，既能提供足够的钙源，还能刺激鸡群的食欲，增加进食量。

（5）将症状较轻的病鸡挑出，单独喂养，补充骨粒或粗颗粒碳酸钙，一般 3～5 天可治愈。个别病情严重的瘫痪病鸡可能会死亡。

五、鸡的中暑

中暑又称热射病，是鸡在夏季的常发病。中暑发生的原因是由于鸡缺乏汗腺，主要依靠张嘴呼吸散热，夏季温度高、湿度大、通风不良、饮水不足、饲养密度大、饲料中能量偏高等引起。

【临床症状】最初表现为张口伸颈喘气，呼吸急促，心跳加快；翅膀张开下垂，羽毛蓬乱；食欲减退，饮水量明显增加；鸡冠和颜面多表现为先充血鲜红，后发绀，有的苍白，体温升高，随后出现眩晕，走路不稳或不能站立，虚脱，很快惊厥而死亡。产蛋率下降，蛋形变小，蛋壳变薄、变脆，表面粗糙，破蛋率上升。死亡鸡只营养良好，身体偏胖或过胖。

【解剖病变】病鸡及刚死鸡只皮温和深部体温很高，有烫手感；剖检可见肌肉苍白、柔软，呈煮肉样；血液呈紫黑色，凝固不良；胸腔和腹腔浆膜充血，有血液渗出；有的心脏和胸腔浆膜粘合在一起，心包膜及胸腔浆膜大面积出血；肺脏高度充血、淤血；肝脏肿大，呈土黄色；卵黄膜充血、淤血；腹腔脂肪斑点状出血；肠管松弛无弹性，肠黏膜脱落。

【防治】

（1）夏季注意鸡舍的防暑降温、通风换气、充足的供水，野外散养鸡运动场应搭建遮阳棚。

（2）病鸡立即转移到安静、阴凉、通风的地方，病轻的可逐渐恢复，病重的鸡可往其身上适当喷洒凉水。

六、鸡的脱肛

鸡脱肛是指泄殖腔部分或全部翻出肛门外的一种疾病，一般多发生于产蛋高峰期的高产蛋鸡，尤其是初产蛋鸡发病率较高。

【常见病因】

（1）饲养管理不当引起的脱肛。由于饲养管理不当引起的脱肛，临床主要表现在，第一是鸡群过早产蛋，母鸡还没有完全发育成熟，骨盆尚未发育完好，产道狭窄，无法承受产蛋的强大压力，造成难产脱肛。第二是育成期蛋鸡过于肥胖，多因饲料中热能和蛋白质含量过高，脂肪在体内蓄积，特别是肛门周围脂肪的蓄积引起难产而脱肛。第三是日粮中维生素 A、维生素 C 含量不足，日粮中维生素 A 和维生素 C 供给不足时，输卵管和泄殖腔黏膜上皮角质化，失去弹性，防卫能力降低，容易发炎。当输卵管发炎、狭窄或扭转时，使蛋无法通过，此时蛋鸡长时间伏在巢内做产蛋姿势，反复努责，即使产下蛋，也往往伴发脱肛。第四光照程序不当，给予的光线太强或光照时间太长，都会造成母鸡早产而脱肛。此外，蛋鸡的密度过大、通风不良、应激等因素亦能作用于产蛋过程而脱肛。

（2）疾病引起脱肛。慢性（习惯性）拉稀性疾病均能引起脱肛。如鸡伤寒、慢性禽霍乱、禽副伤寒、长期喂霉变腐败饲料引起的消化道炎症，这些病都能引起拉稀。拉稀后导致脱肛的原因有两点：一是长期拉稀导致机体中气不足，肛门失禁而脱肛；二是病原微生物生长繁殖至肠管、输卵管及泄殖腔并发生炎症，产蛋时，蛋排出困难，过度努责而引起脱肛。

（3）应激因素。鸡群拥挤、卫生条件差、舍内氨气浓度较高、意外惊吓等使鸡群时刻处于应激状态，这也是导致脱肛的一个重要原因。

【临床症状】发病鸡以初产蛋鸡为主。发病鸡营养良好，常见产双黄蛋（似鹅蛋大）、套蛋、无黄蛋等。肛门脱垂初期，发病鸡食欲减退，肛门周围的绒毛湿润，有时从肛门内流出白色或黄白色黏液，以后即有约3～4厘米长的肉红色物脱出于肛门之外，1～2天后，脱出物由初期的肉红色变成暗紫色，甚至水肿、发绀，病鸡扭头自啄并招致同群鸡只争啄脱出物，以致脱出加重或脱出物被啄烂、啄断并发严重感染而死亡。

【防治】

（1）加强蛋鸡育成期的饲养管理。在整个育雏育成期，必须严格掌握饲养标准和光照管理程序，实行科学的饲养管理，保证蛋鸡不过肥、不过瘦、不早产，鸡群体质均匀，使之良好地进入产蛋期。

（2）注意疾病的预防和治疗。加强饲养管理，勤观察蛋鸡的粪便变化，发现拉稀的鸡只及时检查病因并加以治疗；不要饲喂霉败饲料。在追求效益的同时要考虑鸡只的潜能和鸡只承受能力，产蛋高峰期应特别关注高峰度与高峰期的长短。

（3）发现脱肛的鸡采取及时合理的整复方法，轻度脱肛的病鸡不产蛋时看不出脱肛，只是产带血蛋或产蛋时发生咯咯的痛苦努责声，或有轻微的脱出物突出于肛门之外，但很快会回缩到体内，这时要及时查出原因，除去病因并加以治疗。中度脱肛的常因轻度脱肛没有得到及时发现和治疗而致。泄殖腔脱出如栗子大或鸡蛋大，不能自然回缩于体腔内。此时应及时人工冲洗（盐水或生理盐水），将脱出物送入腹腔，隔离防啄，并给予消炎治疗。重度脱肛的，首先及时隔离，用温水洗净垂于体外的部分，再用0.1%高锰酸钾水消毒后，用手将脱出部分推入体内，使泄殖腔复位，并将肛门附近羽毛扎住。要限饲或适当停饲。饮水中加入抗生素。少部分多次脱肛鸡，给予淘汰处理。

七、肉鸡腹水综合征

肉鸡腹水综合征，又称肉鸡肺动脉高压综合征，是一种由多种致病因子共同作用引起的以右心肥大扩张和腹腔内积聚大量浆液性淡黄色液体为特征，并伴有明显的心、肺、肝等内脏器官病理性损伤的非传染性疾病。

【常见原因】

（1）遗传因素。长期以来，肉鸡的品种往往只注重快速生长性能方面的选育，而没有相应地改善其心肺功能。快速生长，机体代谢旺盛需氧量增加，而肺的容积与体重的增加不成正比，造成肺动脉血压升高，右心室将血液泵出通过肺部的负担加重，继而发生右心肥大和衰竭。由于右心的功能衰竭，导致全身血液回流受阻而淤积于外周血管内，从而造成腹腔器官淤血。最后血中液体随着血压的升高而从血管中渗出并积存于腹腔，形成腹水。

（2）缺氧。寒冷的冬季，因保暖的需要，一方面紧闭门窗，另一方面鸡舍内煤炉排气管密封不良，造成通风不畅，舍内一氧化碳、二氧化碳和尘埃的浓度明显升高，而氧浓度下降，形成缺氧的环境。另外，因气候寒冷，鸡体基础代谢旺盛，需氧量增加，在此环境下，更加重了缺氧的程度，最终诱发腹水综合征；从孵化开始，因孵化室封闭较严，缺氧的状况已经发生，尤其在孵化后期孵化箱内缺氧，引起鸡胚肺脏的病理性损伤而影响肺部气体交换，是肉仔鸡早期发生腹水征的重要原因；随着海拔的增高，大气中的氧浓度减少，腹水征的发生增多，目前有实验结果表明，海拔超过1 500米容易发生腹水征，但随着肉鸡品种的改良，增重速度的加快，海拔安全界限还会降低；日粮中蛋白质及能量水平较高，生长速度过快，机体代谢过程缺氧严重。研究结果表明，饲喂颗粒料的鸡场腹水综合征发病率明显高于饲喂粉料的鸡场。

（3）中毒。饲料中毒（有毒性油脂）、食盐中毒、药物中毒以及植物毒素中毒等直接损伤肝脏，引起病变导致腹水增多。

（4）其他因素。有一些疾病如大肠杆菌病、沙门氏菌病引起纤维素性心包炎、肝周炎、腹膜炎等致使腹腔内有大量的腹水。饲料中磷和维生素E及硒缺乏，也可促使本病发生。长期使用庆大霉素等毒性强的抗菌药会使病情加重。

【临床症状】病鸡精神沉郁，缩头嗜睡，独居一隅，羽毛蓬乱，反应迟钝，步态不稳，食欲减退，饮欲稍增加，呼吸轻度困难，胸腹部出现水肿，用手触摸可感到腹腔内有大量液体。

【解剖病变】病鸡死后全身明显淤血，剖检腹腔内有大量（200～600毫升）清亮、淡黄色或淡红色透明液体，液体中常混有纤维块或絮状物。心脏肥大，心包膜增厚，心包液增多，浆液透明，心肌柔软、松弛，心房扩张，尤其右心房明显增大；肝脏损伤、硬化，肝叶边缘变厚；肾脏充血肿大，并有尿酸盐沉积；胃肠道血管淤血。

【防治】肉鸡腹水综合征一般初期症状不明显，到产生腹水时已是病程后期，治疗困难，故应以预防为主。

（1）肉鸡育种时，在注重生长速度的同时，要努力改善鸡心、肺、肝等内脏器官的功能，坚决淘汰有腹水倾向的种鸡，培养出对腹水征有耐受力的家禽新品系，从根本上解决肉鸡腹水的问题。

（2）改善饲养环境。在确保鸡舍适宜温度的条件下，加强通风换气，消除舍内有害气体的危害，保证舍内有足够新鲜空气。随着日龄的增长，通风换气量也要加大，尤其是在饲养后期，更应加大通气量，满足机体对氧气的需要。饲养密度大小要取决于鸡舍的通风状况，防止有限的空间内因追求饲养密度而造成供氧不足。鸡舍内要保持适宜的温度，湿度大垫料易受潮，粪便在潮湿的垫料内发酵会产生大量氨气。

在孵化后期，应加强通风换气，有条件的向孵化箱内补充氧气，以利于鸡胚心肺的发育。

（3）科学配制日粮。降低日粮营养水平，肉仔鸡在3周龄前饲喂低能日粮或高能限饲，3周龄后转为高能日粮，可降低发病率。在确保日粮中氨基酸平衡的同时适当减少蛋白质的供食量。饲料中缺乏硒、维生素E或磷时也会导致腹水征，因为硒和维生素E能使代谢过程中产生的有毒物质降解，防止过氧化物对细胞膜的破坏，有保护细胞膜完整，维持细胞通透性的功能，因此肉鸡饲料中含硒量不应低于0.12毫克/千克，维生素E也应适当增加喂量。控制日粮中脂肪的含量，饲料中油脂含量6周龄前应保持在1%左右，7周龄出栏时不超过2%。在肉鸡日粮中用粉料代替颗粒料后，腹水综合征的发病率减低，尤其是低海拔地区，最好用粉料饲养肉鸡。在日粮中补加0.125%脲酶抑制剂，能使肠道内氨的浓度和脲酶的活性降低，从而降低死亡率。

（4）防止饲料中毒。严禁饲喂霉变饲料，不可用发霉的植物秸秧作垫料，要勤清理料槽，防止料槽边角有霉变的饲料，慎防磺胺类药物中毒，控制食盐用量。

（5）及时治疗患鸡。鸡群一旦发生此病，应尽快消除病因。治疗可采用二羟苯异丙氨基乙醇，给1～10日龄幼雏饮水投药，以扩张器官和降低肺循环阻力；双氢氯噻嗪拌料饲喂，速尿等增加肾小球的滤过率，增加并排走大量水分；在鸡的饲料中按250毫克/千克加入维生素C，连续使用。病鸡口服双氢克尿噻（6毫克/只，2次/日）等药物对腹水有一定治疗作用。保肝护肾、利尿解毒中草药对腹水也有一定治疗作用。

八、肉鸡猝死综合征

肉鸡猝死综合征（SDS），是快速生长的肉鸡的一种急性致死性疾病，死亡率在0.5%～5%。临床上以肌肉丰满、外观健壮的肉鸡突然死亡为特征。多发生于3～4周龄，雄性比雌性易发，占总死亡率的70%～80%。

【常见原因】

（1）遗传及个体因素。生长速度快、体况好的鸡容易发生；公鸡发生率高于母鸡。就日龄而言，1～2周龄发病呈直线上升，约3周龄达到发病高峰，以后逐渐缓慢下降。

（2）营养因素。据报道日粮中的蛋白质、脂肪、维生素及矿物质的含量与SDS发生有关。在肥育肉鸡日粮中分别加入19%和24%的蛋白质，经4周试验后发现，高蛋白组的死亡率明显降低（$P < 0.05$），可能是减少了腹脂，降低了鸡对热应激的反应，从而减少了死亡。1～3周龄肉鸡日粮里添加1.8%脂肪时，其发病率明显高于未加脂肪组。在5周龄时，本病的发病率与脂肪的摄取量呈显著相关（$P < 0.01$），添加动物性脂肪可使其发病率增高。生物素、维生素B_6、维生素B_1三者按高于需要标准添加，且日粮中添加脂溶性维生素A、维生素D、维生素E或钾盐，可降低本病的发生。

（3）环境因素。如光照时间长、强光照射、噪音高可导致本病的发生。如连续光照不但为肉鸡提供最大限度的采食机会，加速生长，而且也对肉鸡产生强烈应激，故比间隙式光照发病率高。

（4）其他因素。体内酸碱平衡失调和某些药物（离子载体抗球虫药和球虫抑制剂B等）也可促进本病的发生。

【临床症状】肉鸡猝死综合征病程短，发病前无任何异状；多以生长快、发育良好，肌肉丰满的青年鸡突然死亡为特征；部分猝死鸡只发病前比正常鸡只表现安静，饲料采食量减少，个别鸡只常常在饲养员进舍喂料时，突然失控，翅膀急剧扇动或离地跳起15～20厘米，从发病至死亡时间约1分钟左右；死鸡一般为两脚朝天呈仰卧或腹卧姿势，颈部扭曲，肌肉痉挛，个别鸡只发病时有突然尖叫声。

【解剖病变】外观体型较丰满，除鸡冠、肉垂略潮红外无其他异常。嗉囊和肌胃内充盈刚采食的饲料，心房扩张，心脏较正常鸡大，心肌松软，肝脏肿大、质脆、色苍白，肺淤血，胸肌、腹肌湿润苍白，少数死鸡偶见肠壁有出血症状。

【防治】对于该病的防治，目前尚无特效的防治办法，在肉鸡饲养过程中，以预防为主。

（1）肉鸡饲养前期，适当进行限食，降低肉鸡生长速度。

（2）合理的饲料配方，保持蛋白能量的平衡，防止蛋能比例失调导致脂肪代谢障碍；在饲料中添加维生素 A、维生素 D、维生素 E、维生素 K 及氯化胆碱，促进脂肪消化吸收；注意添加钠、钾、钙、磷等矿物质元素，维持肉鸡体内酸碱平衡。

（3）优化饲养环境，消除各种应激因素，保持环境安静，防止惊吓鸡群，减少猝死综合征的发生。

（4）加强饲养管理，合理控制饲养密度，搞好鸡舍通风换气，保持良好的卫生条件。

九、鸡的软嗉病

鸡的软嗉病是嗉囊黏膜表层的一种炎症，以嗉囊显著膨胀和柔软为特征，尤其是幼鸡多发。

【常见病因】本病的发生主要是由于鸡采食了发霉变质或容易发酵的饲料，这些饲料在嗉囊内腐败发酵产生了大量的气体，往往同时会引起嗉囊发炎；鸡只患有胃肠炎或其他疾病，胃肠消化机能减退，致使嗉囊内食物停留时间过长，引起发酵胀气；此外，磷、砷、食盐和汞的化合物中毒亦会导致嗉囊胀气。

【临床症状】病鸡精神委顿、食欲减少或废绝，嗉囊膨大柔软，内食物不多，但充满液体和气体，挤压时从口腔流出污黄色含有气泡而恶臭的浆液和黏液。严重的病鸡，头颈部反复伸直，下咽困难，频频张嘴。如患病时间较长，往往由于消化扰乱，营养障碍而迅速消瘦衰竭，自体中毒导致麻痹窒息而死。

【防治】

（1）本病的预防主要是避免喂食发霉变质的饲料，防止各种药物中毒，积极治疗胃肠道的原发性疾病。

（2）对于较大日龄的患病鸡治疗时，可握住病鸡的脚和翅膀，使后躯抬高，并把头拉向下方，拨开鸡嘴，同时沿着头颈的方向轻轻挤压嗉囊，使其中内容物从口腔排出。再用注射器吸取 0.2% 高锰酸钾溶液或 1.5% 碳酸氢钠溶液，经口腔注入嗉囊，至嗉囊膨胀为止，然后再将鸡嘴拨开，揉捏嗉囊，将注入的消毒制酵液连同嗉囊内容物一起挤出，反复数次，冲洗和排除完毕后，经口灌服抗生素，隔日重复进行一次。冲洗后停喂料一天后，再饲喂少量容易消化的软质饲料，并给予清洁饮水。

十、鸡的硬嗉病

鸡硬嗉病又称嗉囊阻塞，是因鸡嗉囊内充满食物并积滞充塞于囊，致使食物不能运达腺胃进行消化而引起。各种年龄的鸡都能发生，但以雏鸡多发。

【常见病因】主要是由于鸡吃了大量羽毛、绳头、干硬难消化的饲料以及大块坚硬的食物等引起。

【临床症状】患病鸡嗉囊明显膨大、坚硬，精神沉郁，少食或停食，严重时病鸡表现呼吸困难，鸡冠和肉髯发紫，最后因消化及呼吸障碍而死亡。

【解剖病变】剖检可见嗉囊内积有大量坚硬食物或异物造成堵塞，严重时腺胃、肌胃和十二指肠也发生堵塞。

【防治】本病的预防措施是加强饲养管理，合理搭配饲料，注意饲料中的纤维含量，要求雏鸡不超过 3%，成鸡不超过 5%，不喂干硬难消化饲料，防止鸡吃难消化之物，投料时做到定时、定量，并保证充足的饮水，治疗原则是以排除嗉囊内阻塞物为主，辅以适当的护理。根据嗉囊阻塞的程度，可采用如下方法进行治疗。

冲洗法：鸡嗉囊阻塞不太严重时可用温热的生理盐水或凉开水冲洗。方法是用长嘴球形注射器从其喙部伸入咽内，将水直接注入嗉囊，使食物膨胀，用手轻轻揉捏嗉囊，让嗉囊内的积食与水混合变为稀液，然后将鸡倒提，轻轻按压嗉囊，使稀液由食道口排出。重复几次，待嗉囊内积食排空后投服半片土霉素，让鸡休息半小时便可开始喂给少量易消化的饲料。

手术法：如嗉囊内积食坚硬或由干草、羽毛等异物充塞，则应采用手术法。具体操作是：将嗉囊部位的羽毛拔掉并冲洗干净，用 5% 碘酊或 70%

酒精消毒，然后用手术刀沿嗉囊切一 1～2 厘米的口，用镊子夹出嗉囊内阻塞的异物，将温和的 0.1% 高锰酸钾或 2% 硼酸溶液灌入嗉囊内进行清洗，擦干创口，投入半片土霉素，然后用线对嗉囊做全层连续缝合，撒上适量的磺胺粉或青霉素粉，亦可涂擦 2% 的碘酊。手术结束后，将鸡另圈一处，12 小时内禁止喂料和饮水，12 小时后让鸡自由饮水，可喂少量易消化的饲料，5～7 天后即可拆线。

第四章　实用实验室检验技术

第一节　血凝（HA）和血凝抑制试验及应用

血凝（HA）、血凝抑制（HI）试验是一种快速、微量、简便、准确的血清学诊断方法，能对新城疫病、禽流感病毒、鸡产蛋下降综合征病毒和相应抗体做定性和定量测定，常用于鸡新城疫的诊断、协助禽流感的诊断、鸡新城疫、禽流感、产蛋下降综合征的免疫检测，为临床制定合理的免疫程序提供科学依据，是集约化、规模化鸡场兽医监督的一个重要内容。

（一）试验材料

（1）1%的鸡红细胞悬液的制备。用灭菌注射器吸取无菌的阿氏液（同采血量等体积），采2～3只成年公鸡的翅静脉血混合，放入无菌的离心管中，加适量生理盐水用离心机以3 000转/分钟离心10～15分钟，使红细胞沉于管底，用吸管吸出上清液弃之，再加生理盐水，同样方法离心洗涤，如此重复3～4次，最终将红细胞配成1%悬浮液，置4℃冰箱保存备用。

（2）阿氏液的配制

葡萄糖：2.05克；

柠檬酸钠：0.8克；

柠檬酸：0.055克；

氯化钠：0.42克。

加蒸馏水至100毫升，加热溶解后调pH值至6.1，10磅高压15分钟灭菌，4℃保存备用。

（3）0.85%灭菌生理盐水。

（4）96孔V形微量反应板。

（5）定量移液器、塑料滴头若干。

（6）微量稀释棒若干。

（7）鸡新城疫、禽流感、产蛋下降综合征抗原与阳性血清。

（8）被检血清。

（9）其他试验材料略。

（二）红细胞凝集（HA）试验（微量法）

（1）在微量反应板的1～12孔均加入0.025毫升PBS或生理盐水，换滴头。加样操作见图4-1。

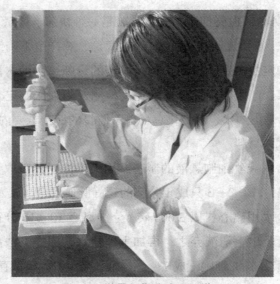

图4-1　微量凝集试验（加样）

（2）本法一般用于查抗原或测定抗原效价。使用移液器稀释时，吸取0.025毫升抗原或待检鸡胚尿囊液加入第1孔，并用移液器混匀（吸放3次），然后从第一孔吸出0.025毫升加入第二孔，以相同的方法混匀，再从第二孔吸出0.025毫升加入第三孔，如此作倍比稀释至第11孔，最后从第11孔中吸出0.025毫升弃去，换滴头。

使用稀释棒稀释时，用稀释棒蘸取被检抗原0.025毫升，从第1孔起，依次作倍量稀释，至第11孔，弃去稀释棒内的一滴（0.025毫升）。

注意，第12孔不加病毒（抗原），作为红细胞对照。

（3）每孔均加入0.025毫升1%（V/V）鸡红细胞悬液（将鸡红细胞悬液充分摇匀后加入）。振荡混匀1分钟使其混合均匀，在室温（20～25℃）下静置40分钟或静置于37℃温箱感作20～30分钟，观察结果。待第12孔的对照孔红细胞全部沉入孔底中间，即可判断各孔红细胞的凝集情况，判断时将板倾斜，观察红细胞有无呈泪滴状流淌。以完全血凝（不流淌）的抗原或病毒最高稀释倍数代表一个血凝单位（HAU）。血凝试验操作示意见表4-1。

表4-1　血凝试验操作示意表　　　　　（单位：毫升）

孔号	1	2	3	4	5	6	7	8	9	10	11	12
抗原稀释倍数	1：2	1：4	1：8	1：16	1：32	1：64	1：128	1：256	1：512	1：1 024	1：2 048	对照
生理盐水	0.025	0.025	0.025	0.025	0.025	0.025	0.025	0.025	0.025	0.025	0.025	0.025
抗原	0.025	0.025	0.025	0.025	0.025	0.025	0.025	0.025	0.025	0.025	0.025	0.025
1% 红细胞	0.025	0.025	0.025	0.025	0.025	0.025	0.025	0.025	0.025	0.025	0.025	0.025
振荡 1 分钟　37℃感作 20 分钟												
判定举例	+	+	+	+	+	+	+	+	−	−	−	−

（三）血凝抑制（HI）试验（微量法）

（1）根据血凝试验结果配制 4HAU 的病毒抗原。以完全血凝的病毒最高稀释倍数作为终点，终点稀释倍数除以 4 即为含 4HAU 的抗原的稀释倍数。例如，以上病毒血凝的终点滴度为 1：256，则 4HAU 抗原的稀释倍数应是 1：64（256 除以 4）。

（2）在微量反应板的 1～11 孔加入 0.025 毫升 PBS 或生理盐水，第 12 孔加入 0.05 毫升 PBS 或生理盐水。

（3）使用移液器稀释时，吸取 0.025 毫升血清加入第 1 孔内，充分混匀后吸 0.025 毫升于第 2 孔，依次倍量稀释至第 10 孔，从第 10 孔吸取 0.025 毫升弃去〔使用稀释棒稀释时，用稀释棒蘸取被检血清（0.025 毫升），从第 1 孔开始，依次作倍量稀释至第 10 孔，弃去稀释棒内的一滴（0.025 毫升）〕。

第 11 孔不加血清，作为抗原对照，第 12 孔不加血清和抗原为红细胞对照。

（4）1～11 孔均加入含 4HAU 混匀的病毒抗原液 0.025 毫升，室温感作 5～10 分钟。

（5）每孔加入 0.025 毫升的鸡红细胞悬液，振荡 1 分钟，37℃温箱感作 20～30 分钟，观察结果，待第 11 孔抗原对照的红细胞均匀地铺在孔壁（100% 凝集），第 12 孔红细胞完全沉于孔底呈纽扣状红色圆点，再判定各孔的抑制情况，以血清最大稀释度的孔中完全不凝集为该血清的血凝抑制价。血凝抑制试验操作见表 4-2。

表 4-2　血凝抑制试验操作示意表　　　　　　　（单位：毫升）

孔号	1	2	3	4	5	6	7	8	9	10	11	12
血清稀释倍数	1:2	1:4	1:8	1:16	1:32	1:64	1:128	1:256	1:512	1:1024	抗原对照	盐水对照
生理盐水	0.025	0.025	0.025	0.025	0.025	0.025	0.025	0.025	0.025	0.025	0.025	0.05
被检血清	0.025	0.025	0.025	0.025	0.025	0.025	0.025	0.025	0.025			
4单位抗原	0.025	0.025	0.025	0.025	0.025	0.025	0.025	0.025	0.025	0.025	0.025	
振荡 1 分钟，室温感作 5～10 分钟												
1%红细胞	0.025	0.025	0.025	0.025	0.025	0.025	0.025	0.025	0.025	0.025	0.025	0.025
振荡 1 分钟，室温感作 20～30 分钟												
判定举例	－	－	－	－	－	－	－	＋	＋	＋	＋	－

（四）判定标准和注意事项

（1）判定时首先检查对照孔是否正确，若正确证明操作无误。

（2）100% 的红细胞凝集，是指红细胞凝集呈薄膜状，均匀的覆满孔底，或凝集块皱缩成团状或边缘成锯齿形（图4-2）。

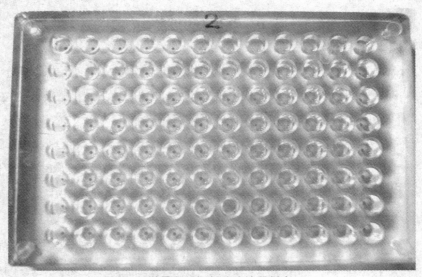

图4-2　微量血凝抑制试验结果判定

（3）溶液。0.085% 氯化钠（生理盐水）作为稀释和配制红细胞悬液较磷酸缓冲盐水出现的凝集要清晰得多，因为磷酸盐干扰结果，使凝集变得模糊了。

（4）进行判定的时间同感作的温度有一定的关系，温度高判定的时间短，温度低判定的时间可适当延长，但不得超过 30 分钟。

（五）应用

1. 用于鸡新城疫病毒的诊断

鸡新城疫病毒虽能致鸡胚死亡，并可引起胚体出血等病变，但这并不是本病毒特有的性能，鉴定病毒还需要作该病毒的血凝（HA）和血凝抑制（HI）试验，根据抗原与相应抗体的中和反应的特性原理，加入已知的抗新城疫病毒血清作用后，病毒便丧失其凝集红细胞的能力。因此，可利用从病鸡分离出的病毒做 HA 和 HI 试验，若能凝集红细胞而且被已知抗鸡新城疫血清所抑制，那么该病毒即为鸡新城疫病毒。若分离的病毒不凝集红细胞，则不是新城疫病毒，若该病毒虽能凝集红细胞，但不被鸡新城疫抗血清所抑制，也说明不是鸡新城疫病毒。

2. 用于检测鸡群的免疫状态

血清抗体的测定：鸡新城疫、禽流感以及鸡产蛋下降综合征临床免疫效果如何，皆可用 HI 试验进行有效地检测。如鸡新城疫免疫状态怎样，当 HI 抗体在 128 以上时进行免疫，由于病毒被中和而未能在体内复制，故不能产生免疫力；HI 抗体在 16~64 时，免疫效果也不好；当 HI 抗体降至 8 或以下时，免疫效果良好。而对强毒感染的抵抗力正好相反，HI 抗体在 16 以上时可有效地保护鸡群不被强毒侵袭，在 8 及以下鸡群易被强毒侵袭而染病。因此，对鸡群进行定期的 HI 抗体检测，能科学地指导鸡新城疫、禽流感和产蛋下降综合征免疫程序的制定，是保证鸡群免于以上传染病发生的有效方法。

3. 卵黄抗体的测定

雏鸡母源抗体决定着鸡新城疫、禽流感、法氏囊病的首免时间，但由于雏鸡采血困难，故可通过对母鸡血清抗体、卵黄抗体和 1 日龄雏鸡母源抗体三者间关系进行了解，结果表明，卵黄抗体与母鸡的血清抗体基本一致，而 1 日龄雏鸡抗体较卵黄抗体低一个滴度，因此，可用卵黄抗体的测定估计 1 日龄雏鸡母源抗体水平。

测定蛋黄抗体的处理技术如下：把蛋打开放于平皿，用不带针头的 5 毫升注射器取出蛋黄（不带蛋清）1 毫升，加 1 毫升生理盐水，摇匀，加 2~4

毫升氯仿，充分摇匀，作用 5～10 分钟，1 500～3 000 转 / 分，离心 10 分钟，取上清液即可作为 HI 试验材料（此时上清液已 1∶2 稀释，所以计算 HI 效价时要增加一个滴度）。

第二节　琼脂免疫扩散试验

琼脂免疫扩散试验（AGP），是利用各种可溶性蛋白质均可在琼脂网状基质中自由扩散的原理进行的，提纯的琼脂加热可溶于水，冷却后形成透明的凝胶可起支架作用，抗原和抗体在其中相向移动，当对应的抗原和抗体相遇时，可以形成肉眼可见的白色沉淀线。正常情况下抗原和抗体形成的沉淀线不移动，所以能够鉴别抗原或抗体。本法不需特殊仪器，操作技术容易掌握，特别适合于基层实验室。临床常用于鸡传染性法氏囊病、禽流感、鸡传染性支气管炎、鸡脑脊髓炎、禽支原体病等疾病的诊断以及抗体检测和流行病学调查。

（一）实验材料

（1）洁净的培养皿、打孔器、12～16 号针头、移液器、10 毫升吸管、微孔板、恒温箱等。

（2）标准的琼扩抗原（抗原种类依诊断疾病而定），相应的阳性、阴性血清，生理盐水。待检的血清或病料（如病鸡的法氏囊）等。

（3）琼扩琼脂配制。禽病诊断所用琼脂每 100 毫升中含 1% 优质琼脂粉、8% 氯化钠和 0.1% 石炭酸，水浴中加热至全部溶化，分装在三角瓶中，置 4℃ 冰箱中备用。

（二）操作方法

（1）琼脂板制备。将配制好的琼脂置沸水浴中溶化，待温度降至 50～60℃ 时倒入培养皿中或载玻片上，厚度以 3.0～3.5 毫米为宜。

（2）打孔。琼扩试验时板孔应现打现用。打孔直径 4 毫米，孔距 3～4 毫米，然后用 12～16 号针头剔出孔内琼脂，不留碎粒，但应防止剔破孔径边。然后将琼脂板底在酒精灯火焰上来回烤 2～3 次，使琼脂与玻璃间空隙封闭，即封底。

（3）加样。琼脂板制好后，向孔内加入抗原及抗体。滴加抗原及血清至孔满即行，防止滴出。如为培养皿，加样后盖上盖子置37℃恒温箱中即可；若用载玻片或玻璃板，则须放在铺有湿纱布的有盖搪瓷盘中，置37℃温箱中反应，经24～48小时观察有无沉淀线。

（三）判定标准（图4-3）

阳性反应：当标准阳性血清与标准抗原孔之间出现明显致密的白色沉淀线，同时被检血清孔与抗原孔之间也形成沉淀线。而且两条沉淀线端相融合，或者标准阳性血清的沉淀线末端向毗邻的被检血孔内侧弯曲者，该被检血清判为阳性。

阴性反应：当被检血清孔与抗原孔间不形成沉淀线，或者标准阳性血清的沉淀线向毗邻的被检血清孔直伸或向外侧弯曲者，此被检血清判为阴性。

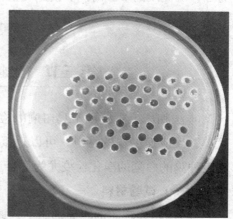

图4-3 琼脂免疫扩散试验结果

（四）影响琼脂扩散试验的因素

（1）反应物的浓度。两种反应物的最初浓度和扩散速度影响琼扩沉淀线的弧形和位置。其中抗原抗体分子量大小影响扩散系数。分子量大则扩散系数小，分子量小则扩散系数大。抗原浓度影响沉淀线的位置，抗原浓度越高，则沉淀线距抗体越近，相反，当抗原浓度一定，抗体浓度越高，则沉淀线离抗体越远。

（2）反应物的性质。琼扩中，只有当一个单纯的抗原与其相应的抗体发生反应时才出现一条沉淀线；如果有类属抗原存在，而且浓度高于特异性抗原浓度时，可形成两条沉淀线。

（3）温度。在一定范围内（如0～37℃），温度越高，物质扩散速度越快，沉淀带形成越快。温度不影响沉淀带的位置，但在整个试验中温度应恒定，因温度变化能导致人为沉淀的形成。为减少沉淀带的变化，并保持清晰度，可在 37℃中形成沉淀带后再置室温或冰箱中。

（4）时间。沉淀带出现的时间与反应物的最初浓度、性质、反应时的温度以及所用的方法等有关。沉淀带一般 1～3 天出现，14～21 天数目最多，只有在适当的时间内，才可见到清晰的线条，经久则可能出现沉淀线的分裂、溶解扩散甚至消失。

（5）其他因素。许多试验证明，琼脂浓度越高，沉淀线出现的时间越迟。另外，沉淀线的形成时间和抗原与抗体孔间距离有关。

第三节　全血平板凝集试验

本法临床上主要用于鸡白痢的检疫，鸡败血支原体病的诊断，具有操作简单、反应速度快的特点，可以直接在现场检测，对于大批散养蛋种鸡和平养肉种鸡的白痢的净化检疫尤为适合。

（一）试验材料

（1）白瓷板（洁净无油脂）或玻璃板、酒精灯、酒精棉、灭菌吸管、采血针（12 号针头）、铂耳环、消毒盘等。

（2）鸡白痢禽伤寒多价有色平板凝集抗原，鸡白痢阴、阳性血清。

（二）操作方法

（1）试验前将抗原充分摇匀，用灭菌吸管吸取抗原 0.05 毫升（或一滴），垂直滴于洁净白瓷板或玻璃板的小方格中央（图 4-4）。

（2）用针头刺破鸡冠或翅静脉，用灭菌的吸管吸取血液 0.05 毫升（或一滴），置于抗原滴上，用铂耳环均匀涂开，使其直径约 2 厘米，并不断晃动玻璃板，注意观察结果。

（3）每次试验均应设阴性、阳性血清对照。

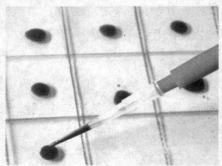

图4-4　全血平板凝集试验加样

（4）本试验应在 20～25℃的室温下进行。

（三）结果判定（图4-5）

（1）阴性、阳性对照成立，结果才能判定。

（2）血液与抗原混合后，在数秒至1分钟内出现片状或小块凝集，判为强阳性。

（3）血液与抗原混合后，2～3分钟内凝集成很多大小不等的块状凝集，底面略有混浊者为阳性反应。

（4）3分钟左右抗原凝集成小颗粒状，有时分布在边缘，底面仍混浊者为可疑反应。

（5）3分钟以上出现少数细沙粒状凝集，常聚集于中央，底液仍呈一致混浊者为弱阴性反应。

（6）玻片上的血液与抗原混合物保存原来的均匀混浊状态为阴性反应。

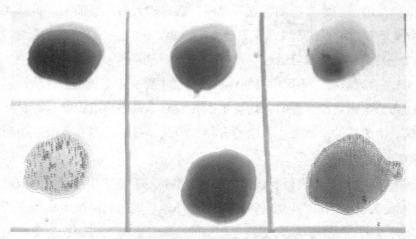

图4-5　全血平板凝集试验结果判定

（四）注意事项

（1）抗原平时要保存在 4～10℃的环境中，使用前先取出置于室温下，待其温度与室内温度相同时使用，用前必须充分摇匀（振荡1～2分钟）以使菌体抗原充分混匀，以避免在试验中因抗原混悬不匀而出现凝集颗粒，导致假阳性反应。添加抗原时，其量要与血清量相等并混合均匀。

（2）本方法适用于产蛋母鸡和一年以上的公鸡，幼龄鸡的敏感度较差。

实际生产中进行两次检疫即 120～140 日龄首次，产蛋高峰过后约 360～400 日龄再检一次。

（3）凝集反应最适温度为 20～25℃，气温过低反应时间延长。

（4）铂金耳每用一次，要在酒精灯上进行灼烧消毒后再用。

注意：鸡败血支原体病全血平板凝集反应与鸡白痢相同，只要把鸡白痢抗原改为支原体抗原即可。

第四节　细菌的分离培养

集约化、规模化养鸡业的发展，疫病的程序化预防技术在养殖实际中得到广泛运用，但大肠杆菌病、沙门氏菌病、坏死性肠炎、弧菌性肝炎等细菌性传染病，由于病原自身的特点等原因，造成较大的经济损失，所以掌握细菌的分离培养技术，就能及时正确地作出诊断。

（一）病料的采取与运送

（1）合理取材。采取病料的种类及部位主要决定于疫病的性质，但无论是采取局部组织或全身器官，均应采取含病原体最多的组织或具有明显病变的组织。由于鸡的个体较小，送检方便，因此，最好选择有典型病例的活体或整个尸体送检。

（2）无菌操作。进行病料采集的所有器械、容器应事先灭菌，取材过程中也应保持无菌操作。这样一方面可避免外界环境的病原微生物污染所采集的病理材料，否则会影响到实验室结果的准确性；另一方面，避免病鸡污染人和周围的环境。

（3）取材时间。如果采取活体病料，越早越好，应考虑病原菌在疾病发展过程中部位的变化，病鸡死后应立即采集病料，一般夏天不超过 4～6 小时，冬天不超过 24 小时。

（4）所采病料的病死鸡最好是未经抗生素治疗者。

（5）所取得病料要冷藏。

（6）病料的包装要可靠，瓶口盖好拧紧，贴上标签，注明样品来源、种类、采样时间等，为避免运送过程中破碎和病料外漏，应放于填塞防震充料（如废报纸或泡沫屑等）的包装箱中。

（7）病料要尽早送检，一般应派专人运送。

（二）一般分离接种培养方法

1. 平皿划线分离培养法

（1）用左手持平皿培养基，以食指为支点，并用拇指和无名指将平皿盖推开一空隙（不要开得过大，以免空气进入而污染培养基）。

（2）右手以执笔式持接种环，经酒精灯火焰灭菌，待冷却后，取被检材料，迅速将取有材料的接种环伸入平皿中，在培养基边缘轻轻涂布一下，然后将接种环上的剩余材料在火焰上烧去，再伸入接种环，与培养基约呈40°角，自涂布材料处开始，在培养基表面来回移动作曲线形划线接种（图4-6）。

图4-6　平皿划线接种

（3）划线是以腕力使接种环在表面划动，尽量不要划破培养基。

（4）划线中不宜过多地重复旧线，以免形成菌苔。一般每次划线只能与上一次划线重叠，而且每次划线时可将接种环火焰灼烧灭菌后从上一次划线引出下一次划线，这样易获得单个菌落。

（5）划线完毕，接种环经火焰灭菌后放好；在平皿底用记号笔作记号和日期，将平皿倒置于37℃温箱培养，一般24小时后观察结果（图4-7）。

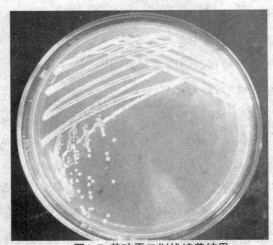

图4-7 普琼平皿划线培养结果

2. 琼脂斜面划线分离培养法（图 4-8）

左手持斜面培养基试管，右手执接种环，在酒精灯火焰上灼烧灭菌，随即以右手无名指和小指拔去并夹持斜面试管棉塞或试管盖，将试管口在火焰上灭菌，以接种环蘸取被检材料，迅速伸进试管底部与冷凝水混合，并在培养基斜面上划曲线。划毕，塞好棉塞或盖好盖，接种环经火焰灭菌。将斜面培养基置 37℃温箱中培养 24 小时观察结果。

图4-8 琼脂斜面划线接种

3. 加热分离培养法（图 4-9）

此法专用来分离有芽胞或较耐热的细菌，其方法是先将要分离的材料接种于一管液体培养基中，然后将该液体培养基置于水浴锅中，加热到 80℃，维持 20 分钟，再进行培养，材料中若带有芽胞的细菌或其他耐热的细菌，仍可存活，而这种细菌的繁殖体则被杀灭，若材料中含有两种以上有芽胞或耐热的细菌时，只用此法得不到纯培养，仍须结合琼脂平板划线分离培养法。

4. 穿刺接种法

此法用于明胶、半固体、双糖等培养基。用接种针取菌落，由中央直刺培养基深处（稍离试管底部），然后将接种针拔出，在火焰上灭菌，培养基置37℃温箱中培养。

（三）厌氧培养法

培养厌氧菌，需将培养环境或培养基中的氧

图4-9　琼脂斜面划线培养结果

气除去，常用的方法有生物学、化学及物理学三类。

1. 生物学方法

利用生物组织或需氧菌的呼吸作用消耗掉培养环境中的氧气以造成厌氧环境。常用的方法有：

（1）在培养基中加入生物组织。培养基中含有动物组织（新鲜无菌的小片组织或加热杀菌的肌肉、心、脑等）或植物组织（如马铃薯、燕麦、发芽谷物等）由于新鲜组织的呼吸作用及加热处理过程中的可氧化物质的氧化，可消耗掉培养基中的氧气。

（2）共生法。将培养材料置密闭的容器中，在培养厌氧菌的同时，接种一些需氧菌（枯草杆菌）或让植物种子（如燕麦）发芽，利用它们将氧气耗掉，造成厌氧环境。

2. 化学方法

利用化学反应将环境或培养基内的氧气吸收造成厌氧环境。常用的方法有：

（1）焦性没食子酸平皿法。将被检材料接种在两只鲜血琼脂平板中，其中一只放在37℃普通环境下培养，作为对照。

称取焦性没食子酸1克，放在翻转的平皿盖的中央，覆一小块脱脂棉（压平，使扣上鲜血平板后，培养基不会接触棉花），迅速在脱脂棉上滴加10%氢氧化钠溶液1毫升，将已接种好的鲜血琼脂平板（去盖）覆盖在此翻转的盖上，周围用蜡封固。37℃温箱中培养2～4天观察。

（2）焦性没食子酸试管法。取一大试管，在管底放一弹簧或适量玻璃珠，再加入焦性没食子酸1克，将已接种厌氧菌的小试管放入大试管中，沿大试管壁加入10%氢氧化钠液1~2毫升，迅速用橡胶皮塞塞住管口，周围用蜡密封，密置37℃培养2~4天。

（3）硫乙醇酸钠培养基。将待检菌接种于硫乙醇酸钠培养基。如为专性厌氧菌，经培养后，底部混浊或有灰白色颗粒。如为专性需氧菌则上部混浊。如为兼性菌则全部混浊。

3. 物理学方法

利用加热、密封、抽气等物理学方法驱除或隔绝环境中或培养基中的氧气，以形成厌氧状态，有利于厌氧菌的生长。常用的方法有：

（1）高层琼脂柱摇震培养法。加热融化高层琼脂，待冷却到45~50℃左右接种厌氧菌，迅速振荡混合均匀。凝固后置37℃培养，厌氧菌在近管底处生长。

（2）真空干燥器培养法。将已接种厌氧菌的培养平皿或试管放真空干燥器内，密封，用抽气机抽掉空气。代之以氢、氮或二氧化碳气体，然后将干燥器放培养箱内培养。

（四）二氧化碳培养法（图4-10）

1. 烛缸法

取标本缸或玻璃干燥器一个，将已接种细菌的平皿或试管放在烛缸内。同时放入一小段点燃的蜡烛，缸上加盖封好，置37℃温箱培养即可。缸内蜡烛一般于1分钟左右熄灭，消耗缸内的氧气，使二氧化碳的量约为3%~5%。注意蜡烛火焰不要太靠近缸壁和缸盖，以免玻璃被烧裂。

图4-10 烛缸培养法

2. 化学法

将已接种细菌的培养基放在一个玻璃缸内，同时放一个盛有粗硫酸的小烧杯，迅速于杯中投入碳酸氢钠（每1 000毫升容积用1∶10粗硫酸10毫升及碳酸氢钠0.4克），起反应后即产生二氧化碳（约10%）。加好试剂后立即密闭缸盖，置37℃环境培养。

为测定缸内二氧化碳浓度，可放入一支小试管，内盛 0.15 毫升碳酸钠溶液（每 100 毫升碳酸钠溶液中加有 0.5% 溴麝香草酚蓝 2 毫升）。在不同浓度二氧化碳环境下，指示剂呈不同颜色，呈色反应约需 1 个小时。0% 二氧化碳呈蓝色；5% 二氧化碳呈蓝绿色；10% 二氧化碳呈绿色；15% 二氧化碳呈绿黄色；20% 二氧化碳呈黄色。

第五节　细菌对抗菌药物的敏感试验

近年来，生产中鸡细菌性传染病造成的经济损失越来越明显，控制该类疾病的抗菌药物进而得以广泛的使用，但由于各种病原菌对抗菌药物的敏感性不同，即使是同一种细菌的不同菌株，对同一药物的敏感性也存在差异，所以，临床上盲目地使用抗菌药物既不能达到治病的目的，相反还导致耐药菌株的出现，增加养殖成本。因此，细菌病在临床治疗前进行药物敏感试验，以筛选有效地抗菌素进行使用是非常必要的。

药敏试验的方法很多，下面仅介绍 2 种常用的方法。

（一）直接纸片扩散法

该法简便易行，适合基层兽医化验室，但只能定性。其原理是将含有一定浓度抗菌药物的纸片放置在已接种被试验菌的平板培养基上，由于抗菌药物向四周扩散，抑制细菌的生长，故在纸片周围出现抑菌圈，抑菌圈的大小与被检菌对该种抗菌药物的敏感度呈正相关，根据抑菌圈的大小，并参照有关标准，即可得出被试验菌对该抗菌素的敏感情况。

1. 试验操作步骤

（1）用无菌棉棒蘸取菌液，均匀涂布于适合的平板培养基上，放置几分钟，使其稍干。

（2）用无菌镊子将各种药敏纸片分别平放在平板上，并轻压使其紧贴在平板表面（注意，药敏纸片一旦接触平板就不要再移动）纸片之间应保持一定的距离，一般两纸片中心距离不少于 24 毫米，纸片与平皿边缘不少于 15 毫米，一个直径 9～11 厘米的平皿可同时贴 5～8 种抗菌药物纸片（图 4-11）。

（3）置 37℃培养 12～18 小时，观察结果（图 4-12）。

图4-11　药敏试验操作　　　　　图4-12　药敏试验结果

2. 药敏纸片的制备

常用抗菌素的药敏纸片已有商品供应，购买后可直接使用，也可自制。方法如下：

（1）纸片的准备。选用优质滤纸（如新华一号定性滤纸），用打孔器打成直径为 6 毫米的圆形小纸片。然后取该纸片每 100 片，放入一干净的小瓶或试管中，121℃高压灭菌 30 分钟，80℃左右烘干。

（2）药液配制。按表 4-3 中的规定和要求配制抗菌药物。

表4-3　常用抗菌药物纸片的药液配制表

药物名称	制备方法 （用下列液体稀释到所需浓度）	药液浓度 （微克／毫升）	每片含药量 （微克／毫升）
青霉素	以 pH6.0 的 PBS 稀释	200	2
链霉素	以无菌水稀释	1 000	10
土霉素	以无菌水稀释	1 000	10
四环素	以生理盐水	1 000	10
金霉素	以 pH6.0 的 PBS 稀释	1 000	10
新霉素	以无菌水稀释	1 000	10
红霉素	以无菌水稀释	1 500	15
卡那霉素	以无菌水稀释	3 000	30
庆大霉素	以无菌水稀释	1 000	10
多黏菌素	以无菌水稀释	30 000	300

药物名称	制备方法 （用下列液体稀释到所需浓度）	药液浓度 （微克/毫升）	每片含药量 （微克/毫升）
磺胺嘧啶钠	以无菌水稀释	1 000	10
长效磺胺	稀盐酸溶解后，PBS 稀释	1 000	10
周效磺胺	稀盐酸溶解后，PBS 稀释	1 000	10
新生霉素	以 pH6.0 的 PBS 稀释	1 000	10
杆菌肽	以无菌水稀释	1 000	10

pH6.0 磷酸缓冲液（PBS 液）制备：磷酸氢二钾 2 克，磷酸二氢钠 8 克，蒸馏水 1 000 毫升。

（3）含药纸片的制备。每 100 片无菌烘干的滤纸片加抗生素药液 1 毫升，置冰箱中浸泡 30～60 分钟，使纸片均匀地将药液吸尽后，用真空干燥器抽干或置 37℃温箱中烘干。制备好的干燥的药敏纸片分装于青霉素小瓶并密封后，放干燥器中低温保存备用，一般可保存 3～6 个月。

（二）稀释法

稀释法就是将抗菌药物作倍比稀释后，在不同浓度的药物稀释管内接种细菌，定量测定抗菌药物对该菌的最低抑菌浓度。以下主要介绍试管稀释法。

（1）培养基。一般的细菌用肉汤液或肉膏汤。

（2）菌液的制备。试验菌经纯培养后，接种于肉汤培养基中，37℃培养18 个小时。一般要求稀释至每毫升菌液含细菌 10^5 CFU（菌落形成单位）或易生长的细菌作 1∶1 000 的稀释，不易生长的细菌作 1∶10 的稀释。

（3）抗菌药物贮存液和应用液的配制。各种药物按其效价先配成 1 000微克/毫升的贮存液。青霉素和金霉素应现用现配，其余常用抗生素贮存液在4℃冰箱可保存 1～2 周。如需长期保存，可将贮存液经过滤除菌后分装成小包装，在 −20℃保存。应用时按各个抗生素的稀释浓度范围稀释（表 4-4）。

表4-4　抗菌素的稀释浓度范围

抗菌素	稀释浓度范围（微克/毫升）
青霉素	0.02～32
氯霉素	0.12～128
四环素	0.06～64
红霉素	0.02～32
金霉素	0.10～64

（续表）

抗菌素	稀释浓度范围（微克／毫升）
土霉素	0.10 ~ 64
卡那霉素	0.12 ~ 128
庆大霉素	0.06 ~ 64
多黏菌素	0.06 ~ 64
杆菌肽	0.02 ~ 32
呋喃西林	0.10 ~ 64
其他抗菌素	0.20 ~ 64

1. 试验方法

（1）取 10~12 支试管，编号，除第一管外，每管加入 1 毫升的培养基。

（2）将抗菌药物贮存液稀释到试验所需的最高浓度，于第一支试管中加入 1 毫升，第二支试管中加入 1 毫升并与其中的培养基混合均匀后取 1 毫升到第三支试管，第三支试管混匀后又取 1 毫升到第四支试管……，依次类推，直到倒数第二支试管混匀后弃去 1 毫升。最后一支作为对照。

（3）每管中加入 1 毫升菌液。

（4）37℃恒温培养 18~24 小时后观察结果。

2. 结果判定

培养基变混浊，说明该药物浓度不能抑制细菌，有细菌生长；培养基清亮，则说明该药物浓度抑制了细菌，无细菌生长。无菌生长的药物最高稀释管浓度即为试验菌对此药物的敏感浓度，又叫最低抑菌浓度。

若某些药物肉眼不易观察有无细菌生长，可取一接种环接种于适宜的培养基平板上，37℃恒温培养 18~24 小时后观察结果。若无菌生长，该管的浓度即为试验菌对此药物的敏感浓度。某些药物试管稀释法敏感度的参考标准见表4-5。

表4-5 常见抗菌素敏感度参考标准

药物名称	敏感度参考值（单位：微克／毫升）		
	耐药	中度敏感	极度敏感
青霉素	> 2	0.1~2	< 0.1
氯霉素	> 6	2~6	< 2
四环素	> 6	2~6	< 2
红霉素	> 6	2~6	< 2
金霉素	> 6	2~6	< 2

药物名称	敏感度参考值（单位：微克/毫升）		
	耐药	中度敏感	极度敏感
土霉素	＞ 6	2～6	＜ 2
新霉素	＞ 6	2～6	＜ 2
合霉素	＞ 6	2～6	＜ 2
链霉素	＞ 20	5～20	＜ 5
多黏菌素	＞ 10	1～10	＜ 1
磺胺类药物	＞ 1 000	100～1 000	＜ 100
周效磺胺	稀盐酸溶解后，PBS 稀释	1 000	10
新生霉素	以 pH6.0 的 PBS 稀释	1 000	10
杆菌肽	以无菌水稀释	1 000	10

第六节　致病性真菌的分离培养

真菌是一类真核生物，既有单细胞，也有多细胞。真菌种类众多，目前已发现的就有十多万种，但对人畜致病的只有一百多种，据其致病能力的不同，可分为三大类：寄生于畜禽的毛、羽、角质和皮肤表面，引起所谓的皮肤真菌病的真菌；侵害动物内脏或脏器系统，引起畜禽真菌病的真菌；并不在动物体内寄生，而在饲料原料上生长繁殖，产生有毒代谢物，使采食了这种饲料的畜禽中毒发病，即所谓真菌中毒病真菌。

不同的真菌分离培养的方法有以下几种。

（一）划线法

用灭菌的接种环取已处理的待检材料少许，在真菌培养及平板或斜面上划线（方法与细菌划线分离培养相同）后置温箱培养。由于培养时间较长，培养期间为防止培养基干燥，可将平皿放在一搪瓷盘中，底部垫以湿纱布，并定期检查纱布是否干燥，补充水分。生长后，选择单个菌落，观察其形态并挑取其菌丝移植于斜面培养。

（二）点值法

用灭菌的接种环取处理后的待检材料适量或处理后的一小块病料直接放在琼脂真菌培养基表面，分点接种后放于温箱中培养。

（三）稀释法

饲料中的真菌培养常用此法。取待检样品 1 克加入 49 毫升生理盐水的三角瓶中混匀。另取装有 9 毫升灭菌生理盐水的试管数支，用灭菌吸管无菌操作从三角瓶中取 1 毫升到第一支试管，混匀后从中取出 1 毫升到第二支试管中，混匀后又取 1 毫升到第三支试管中……依次类推。

根据被检材料中含真菌数目的多少选取 2~3 个适合的稀释度进行分离培养。样品中真菌数多，选取高稀释度；否则选取低稀释度。取 1 毫升稀释的待检材料置于灭菌的空平皿中，然后加入灭菌并冷却到 45~50℃ 左右的含琼脂而又适宜于被检真菌生长的培养基，立即充分混匀，静置冷却凝固后置于恒温箱湿盘中培养。平皿中的真菌数随稀释度的增加逐渐减少，选取单个菌落移植于斜面，并进行鉴定。

（四）载片培养法（真菌小室培养）

该法培养后主要用于观察真菌培养物镜检形态特点，可保持真菌自然形态结构的完整性，对孢子穗容易破碎的曲霉菌的形态观察尤其实用。具体操作如下：

（1）用无菌操作法将制好的待用琼脂平板用无菌接种针或接种环切成大约 1 平方厘米的方块，将其放置于灭菌的载玻片上。

（2）将标本或待检菌接种于琼脂块四周边缘靠上方部位，然后用无菌镊子取一无菌的盖玻片盖在琼脂上。

（3）在无菌平皿内放入少量无菌水和一个无菌 U 形（或 V 形）玻璃棒。将此载玻片置于玻璃棒上，盖上平皿盖培养。

每日用肉眼和低倍显微镜观察孢子和菌丝的特点。

第七节　鸡胚培养和病毒分离

（一）概述

许多禽病的病毒可以在鸡胚中生长，如鸡副黏病毒、痘病毒、疱疹病毒、冠状病毒、腺病毒等。鸡胚培养可以用于这些病毒的分离、鉴定、抗原制备，疫苗研制以及研究病毒性质等方面，都是十分重要的。

鸡胚培养已有十几年的历史，尽管近几年来组织培养技术迅速地发展，但仍取代不了鸡胚培养。它的优点在于：

鸡胚是一个完整的有机体，外面有坚硬的蛋壳，内部通常是无菌的。

鸡蛋来源充足，价格低廉。

鸡胚接种技术简单，不需要特殊设施和条件。

鸡胚能适应很多种病毒生长，特别是感染禽类的病毒。

鸡胚培养法也存在一些不足：

除产生痘疱的病毒和引起鸡胚死亡的病毒外，有些病毒不产生特异性的感染特征，必须利用第二个试验系统来测定病毒的存在。

免疫母鸡所产的蛋，其卵黄中含有抗某些病原的母源抗体。

鸡胚可能被某些微生物污染，如沙门氏菌、大肠杆菌等。

在家禽的饲料中经常含有抗菌药物，并能传递给鸡胚，特别是四环素能抑制立克次氏体对鸡胚的感染性。

鸡胚接种感染的途径很多，有尿囊腔、绒尿膜、羊膜腔和卵黄囊等，不同的鸡胚组织来源（即外胚层、内胚层和中胚层）对病毒感染性有差异，因而选择何种途径取决于该组织能否适应病毒的复制。

尿囊腔接种是最常用的一种方法，是使病毒在尿囊膜的细胞里增殖，并最终自细胞释放出来进入尿囊液中，因此可收集尿囊液而获得病毒，常用于鸡新城疫、传染性支气管炎、传染性法氏囊病等疾病的诊断和疫苗的生产。现以鸡新城疫为例介绍尿囊腔的接种方法和病毒的分离鉴定。

（二）设备和材料

孵化机或恒温箱。

9～10 日胚龄的鸡胚（非新城疫免疫鸡胚）。

1 毫升玻璃注射器和相应的针头。

研钵、电子天平、离心机。

检验材料（或繁殖用种毒）。

碘酊及酒精棉球、生理盐水。

蛋盘、钻孔针、酒精灯、照蛋器、铅笔、固体石蜡等。

附：病料的采取及处理

分离病毒的病料应采自早期典型的病例，病程较长的病鸡或死亡时间较久的病鸡均不宜作分离病毒用。病鸡扑杀后应用无菌操作解剖尸体，各种疾病采用的病料不同，鸡新城疫最好的检验病料为气管黏膜、肺（经常是滴度最高的）、脑（病毒在其他部位消失后脑内仍含病毒）、脾、肝、肾和骨髓（病鸡死后一段时间内其骨髓是不易被污染的）。

将病料磨碎，1克组织加入无菌生理盐水5~10毫升，每毫升悬液加入青霉素和链霉素各1 000单位，置4℃冰箱处理2~4小时经1 500转/分离心15分钟，取上清液作为接种材料。

对接种材料应作无菌检查，接种于肉汤或血琼脂斜面，若有菌生长，则应对原始材料作除菌处理，实在不行不如再次取病料。

（三）鸡胚接种（图4-13）

照蛋时取9~10日龄的鸡胚，画出气室的位置。

离气室3毫米处，选择无大血管的部位标一记号，注意不要靠近胚胎。

在气室顶部标记处用碘酊和酒精棉球涂擦消毒，并各钻一个小孔。

用注射器吸取经处理后的病样，插入气室下的小孔约3毫米，每胚注射0.1~0.2毫升。

用融化后的石蜡将蛋壳上的小孔封闭。

用铅笔标记接种日期和接种材料。

将接种后的胚置孵化箱中继续培养孵育，每天上午、下午各照蛋一次，于24小时内死亡的弃之不用，一般于接种后48~60小时内死亡，死胚存放在4℃冰箱内，经8~12小时后收获尿囊液。

图4-13　鸡胚接种

（四）收取尿囊液

取出鸡胚放在蛋盘上，气室朝上，在气室部位涂擦碘酊消毒。

用灭菌镊子将气室部位的蛋壳敲破，剥取蛋壳。

用另一灭菌小镊子剥取蛋壳膜，并撕破绒尿膜，暴露出清晰的尿囊液，若尿囊液混浊，则意味着被细菌污染，应弃之不用。

以灭菌镊子将胚胎和胚膜压向一边，吸取清亮的尿囊液于灭菌的瓶中，各胚分别存放，并加标签，暂时不用可储存于 −20℃冰箱。

吸取尿囊液后，观察胚胎的病变，若由鸡新城疫致死的鸡胚，胚体全身充血，在头、胸、背、翅和趾部有小点出血，尤其以翅、趾部明显，这在诊断上有参考价值。

对尿囊液样品需作细菌检查，同时做红细胞凝集试验（HA），如出现血凝现象，再用已知的抗新城疫血清与尿囊液进行血凝抑制试验（HI）。如果所收获的病毒能被抗新城疫血清抑制，才能证明该病毒是鸡新城疫病毒。

第八节　常用仪器的使用和保养

鸡场实验室常用的仪器主要有显微镜、恒温箱、高压蒸汽灭菌器、干热灭菌箱、离心机、电动抽气机、滤器、冰箱等，由于产品的规格、质量、生产厂家的情况不同，使用方法也不一致，具体应该看产品说明书，本节仅对共性的注意事项作一说明。

（一）显微镜

一般使用的为普通光学显微镜，最高放大倍数为 1 000～1 200 倍，主要用于细菌形态的观察。

1. 使用时的注意事项

（1）使用显微镜时，必须坐端正，凳和桌的高低要配合适宜。显微镜应直立桌上，不得倾斜。因作微生物检查时，大多使用油镜或直接检查不染色的活菌悬液（如运动力检查）。若将载物台倾斜，油滴或菌液将要流动，影响观察，并造成污染。

（2）显微镜不能采用直射日光，因其光线过强反而不易看清，且有损光学装置，应尽量采用北面光源。使用人工光源（电灯）时，常有刺目的红光射入镜头，此时应在集光镜下方加放一块蓝玻璃片，以调节光线，并用反光镜的凹面；采用天然光源时，则用反光镜的凸面。

（3）转动反光镜，使光线集中于集光镜上。根据需要上下移动集光镜或缩放光圈，以获得最适合的光度。凡检查染色标本时，使光线稍强可开足光源，集光镜上升与载物台相平。检查未染色标本时，可适当缩小光圈或下降集光镜，使光度减弱。

（4）将标本放在载物台上，用弹簧夹或推进器固定后，先用低倍镜找出标本范围，再换用高倍镜或油镜观察。

（5）使用油镜时，先加香柏油一滴于标本上，眼睛从侧面注视物镜，将镜筒慢慢下降，直至油镜浸入油内，几乎与标本接触（切不可相碰），然后从接目镜中边看边转动粗调节器，使镜筒缓慢上移（此时只准向上移动，不准向下移动），直至看到模糊物像时，再转动细调节器，直至物像清晰为止。调节时，切勿将镜头任意下压，以免压碎玻片或损坏油镜。

（6）由低倍镜换用高倍镜时，可转动转换器，将高倍镜对准载物台的光孔，再略行调节即可。

（7）用显微镜观察时，应两眼睁开，左眼和右眼交替观察，通常用左眼观察，右眼配合右手绘图或记录（图4-14）。

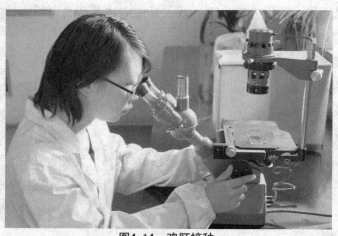

图4-14　鸡胚接种

2. 显微镜的保护

由于显微镜是高值贵重的精密仪器，使用时必须小心爱惜，注意保护。

（1）接物镜和接目镜必须保持清洁。油镜用完后，应用擦镜纸（不能用布类或普通纸张）拭去香柏油，如油已干或透镜模糊不清，可蘸少许二甲苯拭净，并马上用干的擦镜纸拭去二甲苯。

（2）酸、碱、氯仿、酒精、乙醚等都能损坏机件，不可用来擦洗。

（3）观察完毕，下降集光镜，并将低倍镜移至中央。或把物镜转成八字形，降低镜筒，然后放入镜箱。

（4）显微镜应放于干燥的地方，以免潮湿而使镜头发霉，并应避免直射日光暴晒。

（二）恒温箱

其式样甚多，常用的为电热恒温箱，有隔水式与非隔水式两种，一般要求保持在 37～40℃，是培养细菌、孵化少量鸡胚或进行血凝、琼扩反应时所必备的仪器之一。

1. 使用方法（图 4-15）

首先接通电源（隔水式先于夹层中加满40℃左右温水，再接通电源），再顺时针方向扭转温度调节器，调到所需的度数，经观察24 小时后如温度恒定不变，箱内各部分的温度基本一致，自动调节器灵敏、准确等，方可将培养物放入正式启用。

图4-15　恒温箱培养

2. 使用时的注意事项

（1）随时注意温度计所指示的温度是否为所需的温度。

（2）箱内外经常保持清洁和干燥。

（3）除了取材料外，箱内严密紧闭，尽量减少开启的次数。

（4）隔水式温箱过一定时间应加添 37℃的水一次使夹层中的水量保持充足，停用时须将水放出，防止冻裂。

（三）高压蒸汽灭菌器（图 4-16）

是用能耐受高压的金属所制成的圆柱形容器，其式样很多，有手提式、立式、卧式等。加热的方式有煤、柴油和电等。实验室常用的是手提电热高压蒸汽灭菌器。

1. 原理和用途

高压蒸汽灭菌器是按压力与沸点成正比的原理而设计的，即压力越大，沸点越高；压力越小，沸点越低。普通大气压为 760 毫米

图4-16　手提式高压灭菌锅

水银柱，即每平方英寸 15 磅压力（1 毫米水银柱 =133.322 帕，1 磅 =0.4539 千克，下同）高压蒸汽灭菌器在灭菌过程中，由于容器密闭，蒸汽愈来愈多，压力也愈来愈大，从而温度也越高。一般高压蒸汽灭菌，采用 15 磅（即 121.3℃）维持20分钟,可将所有的细菌与芽胞完全杀灭,实验室常用于培养基、自配的生理盐水、橡皮塞子等的消毒。

2. 使用方法

（1）器内加入适当的水，约至金属隔板下 3～4 厘米处，再把欲消毒的物品小心地放入器内。

（2）把盖子盖上，将螺丝扣轮换均匀上紧，不可将一个上紧后再上另一个，以免盖不紧密而漏气。

（3）关闭气门后加热，温度上升不可太快，以免玻璃器皿破裂或消毒不彻底。

（4）压力计指针上升到 5 磅时，打开气门，排出器内的冷空气，直至空气排尽，再关闭气门，待压力上升至所需磅数时，开始计时，并将热源调节至正好能维持此压力，直至所需的时间后，除去热源。

（5）当压力指针自然降至零时，打开气门，开盖取物。倾出器内的水，使其干燥，保持清洁。

3. 注意事项

（1）凡易被高温所破坏的物质（如糖类、牛奶等），不可用高压蒸汽灭菌。

（2）装物不宜过于紧密，以免蒸汽流通不良，影响灭菌效果。同时注意所装物品不要堵住气门、压力表等向内的开口以免不能排放和影响观察器内的温度与压力。

（3）器内空气必须排完，否则器内存有空气，传热不易，同时压力计所示压力与实际温度不符，因而影响灭菌效果。

（4）灭菌时间及压力必须精确可靠，时间的计算应从达到所需的磅数时开始。

（四）干热灭菌器（图4-17）

构造和原理与温箱相似，只是所用温度较高，器顶有孔，供插温度计，内有风扇，使上下温度均匀。主要用于干烤培养皿、试管、吸管、注射器、针头，以及各种需要灭菌的大、小瓶子等玻璃器皿。用法及注意事项是：

（1）将消毒物都要用纸包扎好，或放进铝制的饭盒或特制的铝盒内。

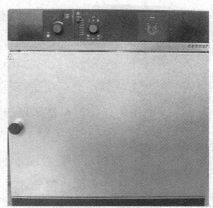
图4-17　干热灭菌箱

（2）将要灭菌的物品放入器中隔板上，注意棉塞及包扎纸张不可与器壁接触，以免温度过高而使其烤焦甚至燃烧；各件放置应尽量疏散，不可重叠过密，以利热气对流，使各部分受热均匀。玻璃器皿必须绝对干燥，否则容易引起破裂（图4-18）。

（3）关门加热，此时顶上活塞应开启，使冷气逸出，待升至60℃时，将活塞关闭。

（4）温度缓缓上升至160℃时，开启计时，维持2小时，或使温度上升至170℃，维持1小时，但如超过180℃，可

图4-18　干热灭菌操作

使器皿或包扎纸变成焦黄，甚至发生火灾，必须注意。

（5）时间到达后，除去热源，待温度降至50℃左右，方可开门取物，以免器内的器皿突然接触外界冷空气而引起炸裂。尤其在冬季，温度应降至

更低才能开启器门。

（五）离心机（图4-19）

不同的转速和容量，离心机的种类有许多种，但其原理都差不多，这里介绍普通离心机。在实验室中，离心机主要用于红细胞的制备（HA，HI试验用），处理后的病料需经离心才能接种。此外，分离血清、沉淀细菌、虫卵或分离其他分子大小不同的物体等。使用方法及注意事项是：

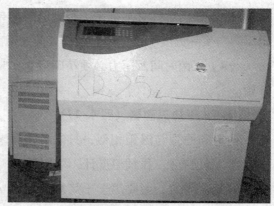

图4-19　高速离心机

（1）用前先将材料盛于离心管内，将离心管放入铜套中（铜套底部可垫一层棉花），然后放在天平上称重，使相对两管的重量相等。如所分离的材料无对应管，则相对一管可加其他液体，使相对两管的重量相等。

（2）然后按对称位置放入离心机的套管中，盖好，开电源，缓慢转动速度调节器的指针至所需的刻度上（切不可将速度调节器骤然开得很大，以免磨坏转动轴承）。一般使用时以2 000转/分转动维持15～20分钟，有的离心机在盖的中央突出一支柱，当转动时，即可显示其每分钟所转动的转数。

（3）到达规定时间后，即慢慢将速度调节器的指针转向至0处，然后关闭电源，待转盘自行停止转动后，方可揭盖，并小心取出离心管，勿使已沉淀的物质因振动而上升，影响结果。

（4）用离心机时，如发现其转动时有杂音或金属音，则表示内部重量不平衡或离心管破裂，立即停止使用，进行检查。

（5）离心机应经常添加润滑油，以防磨损。

此外，还有超速离心机，转数在8 000～40 000转/分以上，其精密度高，构造复杂，并附真空及冷冻装置，以降低快速离心时与空气摩擦及过多热量。它用于病毒的分离及提纯，同时可测病毒沉降系数及其密度，也可用于高免血清加工制作。

第五章　常见的消毒和用药技术

第一节　消毒的名词定义

消毒：是指用化学的或物理的方法杀灭或清除传播媒介上的病原微生物，是指达到无传播感染水平的处理，即不再有传播感染的危险。

灭菌：是指用化学的或物理的方法杀灭或清除传播媒介上所有微生物，使之达到无菌水平，灭菌是一个绝对的概念，通过灭菌处理后不存在任何存活微生物，经过灭菌处理的物品可以直接进入动物体无菌组织内而不会引起感染，所以，灭菌是最彻底的消毒。

抑菌：是指使细菌停止生长繁殖的处理。具体是使用某些化学物质处理细菌使之停止生长繁殖，而这种物质一旦与细菌脱离接触并赋予生长所需条件，被移植的细菌即可恢复生长繁殖。

预防性消毒：指尚未发生动物疫病时，结合日常饲养管理对可能受到的病原微生物或其他有害微生物污染的场舍用具、场地、饮水及鸡舍和鸡场空气环境等进行的消毒。

疫源地消毒：指对存在着或曾经存在着传染病传染源的场舍、用具、场地和饮水等进行的消毒。其目的是杀灭或清除传染源。疫源地消毒又分为两种：一是随时消毒，指当疫源地内有传染源存在时进行的消毒，如对患传染病的禽舍、用具等每日随时进行的消毒；二是终末消毒，指传染源离开疫源地后对疫源地进行的最后一次消毒，如患烈性传染病畜禽死亡后对其场舍、用具等所进行的消毒。

高效消毒方法：是以杀灭各种微生物包括细菌芽孢在内的消毒剂的消毒方法。常见的比如热力灭菌方法，甲醛及戊二醛等化学灭菌剂的消毒。

中效消毒方法：可以杀灭除细菌芽孢之外的各种微生物，包括各种细菌繁殖体、真菌、结核分枝杆菌、各种病毒等。

低效消毒方法：只能杀灭细菌繁殖体、亲脂性病毒等，不能杀灭真菌和结核分枝杆菌。

第二节 鸡场常用的消毒方法

杀灭或清除微生物的方法归结起来有物理方法、化学方法和生物方法。

（一）物理消毒法

指使用物理因素杀灭或清除病原微生物及其他有害微生物的方法。鸡场常用的物理消毒法有热力消毒法和紫外线消毒法。

1. 热力消毒法

包括干热方法、湿热方法。

（1）干热消毒与灭菌。此法是由热源通过空气传导、辐射对物体进行加热，是在有氧而无水条件下作用于微生物。包括焚烧、烧灼和干烤。鸡场多使用烧灼和干烤两种消毒灭菌方法。

①烧灼消毒法：利用火焰喷射器对鸡舍墙壁、地面、地网、笼具等进行火焰喷射消毒。化验室对接种用的接种棒等多用酒精灯进行烧灼消毒灭菌。

②干烤消毒与灭菌

设备：干烤灭菌是在干热灭菌箱内进行，干热灭菌箱有干烤箱和远红外电热干烤箱两种类型。远红外线比普通干热加热速度快，但在相同温度下，同普通电热干烤箱所需灭菌时间相同，达到的灭菌效果亦相同。干烤灭菌适合于不怕高温但怕湿物品的灭菌，如玻璃器皿、陶瓷制品、金属器械等。

应用条件：干烤灭菌由于热传导方式和物品吸收的问题，所需灭菌温度高、作用时间长，大多在160℃以上。灭菌所需时间包括：升温时间、维持时间和冷却时间。如玻璃器皿和金属器械160℃所需时间为2~4小时，170℃为1~2小时，180℃为0.5~1小时。

应注意的问题：污染物品必须先清洗干净、晾干、包装好；玻璃器皿切勿与箱壁、箱底接触；物品包装不宜太大，放置时要留有空间；灭菌过程中不要开干烤箱，防止玻璃器皿骤冷碎裂。

（2）湿热消毒法。包括煮沸法、流通蒸汽法、压力蒸汽法、巴氏消毒法和间歇灭菌法等。鸡场多用煮沸法及压力蒸汽法。

①煮沸法：此法简单、操作方便、经济高效，常用于鸡场采精杯、输精

用玻璃管、玻璃和金属注射器等的消毒灭菌。

操作：在专用的煮沸消毒器（电热煮沸消毒器、直火加热煮沸消毒器）内加入蒸馏水。将消毒物品完全淹没其中，然后加热到 100℃计时，在此温度下维持 15 分钟，能有效地杀灭包括细菌芽胞在内的各种微生物。

注意事项：消毒器内必须用蒸馏水；物品在消毒前要清洗干净；消毒物品不可暴露出水面，注射器的筒芯要分开；待水温达到 100℃时开始计时；消毒时间根据细菌的特点最少应维持 15 分钟。

②压力蒸汽灭菌法

原理：此法是将蒸汽输入到专用的灭菌器内处于很高的压力之下，使蒸汽穿透力增强、温度提高，提高杀菌效果。

由于压力蒸汽灭菌法主要的特点是杀菌谱广，杀菌力强，效果可靠等，多用于鸡场注射疫苗用水的消毒灭菌，也可用于各种不怕热的器械的消毒灭菌如注射器等。

手提式压力蒸汽灭菌器操作方法：在主体桶底加入适量水，把灭菌物品放入消毒筒内（注意把软管插入消毒筒内壁的圆管底部）盖好顶盖，将盖扣拧紧；接通电源或直接加热使水沸腾，产生蒸汽；打开排气阀，排出冷空气，直到排出不带水或白色的蒸汽为止；关闭排气阀，使蒸汽压达到所需要的数值，维持至规定的时间；灭菌结束后，关闭电源或离开火源，让其自然冷却或把灭菌锅放在水龙头下用冷水冷却，至压力表恢复到零位，打开放气阀和安全阀，物品温度降至 60℃以下取出（图 5-1）。

图5-1 手提式高压灭菌锅消毒操作

主要注意事项：冷空气的排出要彻底，一般打开排气阀后需要 5 分钟。灭菌器内只要有冷空气存在，即使蒸汽压力达到要求，温度也升不到预订值。饱和蒸汽压力与温度的定值关系见表 5-1。

表5-1　饱和蒸汽温度与压力关系值

压力表读数		蒸汽温度（℃）
千克 / 平方厘米	兆帕 / 平方厘米	
0.66	0.07	115
1.03	0.105	121
1.86	0.210	132

物品包装要正确。灭菌物品的包装材料要求具有良好的透气性，目前多使用双层细棉布或专用包装纸，不得用普通铝饭盒。包装的大小以 30 厘米 ×30 厘米 ×40 厘米为宜。

要定期进行系统检查，具体的项目有：压力表用前应在零位；夹层通入蒸汽应无冷凝水或气体排出；排气口保持畅通，但关闭后蒸汽不能泄漏；安全阀在达到规定的蒸汽压力时应自动冲开。

2. 紫外线消毒法

原理：细菌的核酸容易吸收紫外线，核酸受到照射后破坏了其碱基，失去复制、转录等功能，导致细菌死亡；破坏合成蛋白质的氨基酸结构，使蛋白质失去生物活性，导致细菌死亡等。

基层鸡场多采用紫外线灯，通过悬吊或墙壁固定形式用于化验室、栋舍饲养人员换衣间、外来人员进场通道空气或物体表面等的照射消毒（图5-2）。

图5-2　固定式紫外线照射消毒

（1）固定式照射法对室内空气的消毒。常采用的方法是将紫外线杀菌灯悬挂在室内天花板上，以垂直向下或反向照射方式进行照射消毒；也可将紫外线灯固定在室内进行横向照射或过道墙壁形成屏幕式照射。安装紫外线灯，按国家的有关规定，室内悬吊式紫外线消毒等安装数量平均每立方米不少于1.5 瓦，如 60 立方米房间需要安装 30 瓦紫外线灯 3 支，并且要求分布均匀，吊装高度距地面 1.8～2.2 米。

（2）室内污染表面的消毒。多用于对鸡场化验台或无菌操作台的照射消毒。用吊装的紫外线灯虽有一定的消毒效果，但一般达不到卫生学要求，应在紫外线灯上加合格的反射罩，才能对在距离紫外线灯下 1 米左右处的工作台面提高消毒效果。

影响消毒效果的因素：电源电压的影响，电源电压可直接影响紫外线灯的辐射强度，有试验报道，当电压有 220 伏降到 200 伏时，紫外线辐射强度降低 20%，所以，实际使用中当电压降低时，应适当延长照射时间；照射距离的影响，紫外线灯辐射强度随照射距离的增大而降低；空气相对湿度和洁净的影响，紫外线照射环境的相对湿度以 40%～60% 最合适，大于 60% 时会影响消毒效果，空气中颗粒越少越有利于紫外线消毒；温度的影响，环境温度在 5～37℃ 范围内，对紫外线的消毒效果影响不大；有机物的影响，有明显污垢的物品紫外线照射往往达不到理想的消毒效果。

（二）化学消毒法

指使用化学消毒剂进行消毒的方法。理想的化学消毒剂应具备的条件是：杀菌谱广，有效浓度低；作用速度快，性质稳定；易溶于水，可在低温下使用；不易受有机物，酸碱及其他物理、化学因素的影响，对物品无腐蚀性；无色、无味、无臭，消毒后易于除去残留药物；毒性低，不易燃烧爆炸；使用无危险性；价格低廉；便于运输，可以大量供应。鸡场常用的化学消毒方法有：

（1）清洗擦拭消毒。先用扫帚清扫灰尘，再用水冲洗污物，并擦拭干净，可用洗涤剂和消毒剂擦拭。

（2）喷雾消毒。将配制好的消毒剂溶液对鸡舍环境、笼具、设备、道路进行消毒。

（3）浸泡消毒。将一些小型设备和用具放在消毒池内，用药液浸泡消毒，如蛋盘、试验器材等。

（4）熏蒸消毒。将消毒剂经过处理使产生杀菌气体以消灭病原体。其最大优点是熏蒸药物能均匀地分布到禽舍的各个角落，消毒全面彻底并省时省力，特别适用于禽舍内空气污染的消毒［如：利用福尔马林（含40%甲醛溶液）与高锰酸钾反应，产生甲醛气体，经一定时间后杀死病原微生物，是禽舍常用和有效的一种消毒方法。甲醛能使菌体蛋白质变性凝固和溶解菌体类脂，可以杀灭物体表面和空气中的细菌繁殖体、芽孢下真菌和病毒］（图5-3）。

图5-3　鸡舍熏蒸消毒

为了充分发挥熏蒸消毒的作用，确保消毒效果，以下以福尔马林（含40%甲醛溶液）与高锰酸钾禽舍熏蒸消毒为例，介绍熏蒸消毒应注意的事项。

第一，禽舍要密闭完好。甲醛气体含量越高，消毒效果越好。为了防止气体逸出舍外，在禽舍熏蒸消毒之前，一定要检查禽舍的密闭性，对门窗无玻璃或不全者装上玻璃，若有缝隙，应贴上塑料布、报纸或胶带等，以防漏气。

第二，盛放药液的容器要耐腐蚀、体积大。高锰酸钾和福尔马林（含40%甲醛溶液）具有腐蚀性，混合后反应剧烈，释放热量，一般可持续10～30分钟，因此，盛放药品的容器应足够大，并耐腐蚀。

第三，配合其他消毒方法。甲醛只能对物体的表面进行消毒，所以在熏蒸消毒之前应进行机械性清除和喷洒消毒，这样消毒效果会更好。

第四，提供较高的温度和湿度。一般舍温不应低于 18℃，相对湿度以 60%～80% 为好，不宜低于 60%。当舍温在 26℃，相对湿度在 80% 以上时，消毒效果最好。

第五，药物的剂量、浓度和比例要合适。福尔马林毫升数与高锰酸钾克数之比为 2：1。一般按福尔马林（含 40% 甲醛）30 毫升 / 立方米、高锰酸钾 15 克 / 立方米和常水 15 毫升 / 立方米计算用量。

第六，消毒方法适当，确保人畜安全。操作时，先将水倒入陶瓷或搪瓷容器内，然后加入高锰酸钾，搅拌均匀，再加入福尔马林（含 40% 甲醛），人即离开，密闭禽舍。用于熏蒸的容器应尽量靠近门，以便操作人员能迅速撤离。操作人员要避免甲醛与皮肤接触，消毒时必须空舍。

第七，维持一定的消毒时间。要求熏蒸消毒 24 小时以上，如不急用，可密闭 2 周。

第八，熏蒸消毒后逸散气体。消毒后禽舍内甲醛气味较浓、有刺激性，因此，要打开禽舍门窗，通风换气 2 天以上，等甲醛气体完全逸散后再使用。如急需使用时，可用氨气中和甲醛，按空间用氯化铵 5 克 / 立方米、生石灰 10 克 / 立方米、75℃热水 10 毫升 / 立方米，混合后放入容器内，即可放出氨气（也可用氨水来代替，用量按 25% 氨水 15 毫升 / 立方米计算）。30 分钟后打开禽舍门窗，通风 30～60 分钟后即可进禽。

另外，消毒方法按消毒时鸡是否存在，又可分为空舍消毒和带鸡消毒。

空舍消毒

适用范围：对转群、销售、淘汰完毕后的空鸡舍进行彻底消毒。

常用的消毒方法：空舍经清扫、水洗、晾干后，首先用碱性消毒剂，如 2% 的烧碱和 10% 石灰乳，即用烧碱进行地面喷洒消毒，石灰乳可用来粉刷墙壁等。其次，可用酚类、氯制剂、表面活性剂或氧化剂（过氧乙酸）用高压喷雾器进行环境喷雾消毒，消毒液总量计算可按总面积（地面、顶棚、墙壁）+30%（笼具、器械），消毒程序先后部再前部，先顶部墙壁，再地面。最后用甲醛熏蒸消毒，可用 42 毫升甲醛，21 克高锰酸钾熏蒸 12 小时，第二天进行通风换气，并空置 5～7 天。

空舍消毒的注意事项：①清扫、冲洗、消毒要认真仔细，不允许留有死角、空白。②清扫出来的粪便，要集中处理，污水不能随便流在禽舍周围。③各次消毒应有一定间隔，应在每次冲洗、消毒干燥后，再进行下一次消毒，以增强消毒效果。④根据禽舍的污染情况灵活地使用消毒程序。

带鸡消毒

带鸡消毒是定期使用有效地消毒剂对鸡舍及鸡体表喷雾，起到预防性消毒的目的（图5-4）。

图5-4　带鸡喷雾消毒

选择消毒剂注意事项：①广谱高效；②无毒无害，刺激性小；③腐蚀性小；④黏附性较大。适合带鸡消毒的消毒剂有卤素类和表面活性剂、氧化剂等。消毒时使用高压喷雾器，喷雾量按每立方米空间15毫升，关闭门窗进行（图5-5）。

消毒时注意事项：清除粪便；喷口不能直射鸡；药液浓度、剂量准确；冬天或育雏期消毒用水应加温至室温；舍及鸡体潮湿时应通气干燥；消毒剂要交替使用。

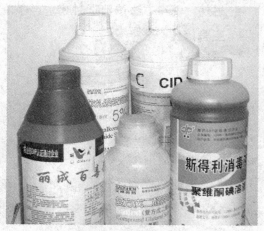

图5-5　各种消毒液

第三节　常见消毒液及使用指南

一、过氧乙酸

【性状】本品为无色透明的液体，呈酸性，具有浓烈的刺激性气味。易挥发，易溶于多种有机溶剂并且和水以任何比例混溶。高浓度时遇热易爆炸，20%以下浓度无此危险。由于其稀释液只能保持药效3～7天，故应现用现配。

【作用与用途】本品可杀灭包括各种细菌繁殖体、真菌、细菌芽孢及各种病毒。对于一般细菌繁殖体和病毒只需数秒即可杀灭，数十分钟即可杀灭细菌芽孢。

本品可用于浸泡、刷洗、擦拭、喷雾剂熏蒸等形式的消毒灭菌，多用于禽舍、仓库、食品车间的地面、墙壁、通道、食槽的喷雾消毒和室内的空气消毒。

【不良反应】本品对皮肤黏膜有刺激性，对金属也有腐蚀作用，故使用时注意不要溅入眼睛。

【制剂与用量】消毒使用的过氧乙酸浓度为16%～20%。500～1 000毫克/千克的水溶液用于环境、禽舍的喷雾消毒；室内消毒每立方米用20%的过氧乙酸溶液5～15毫升，稀释成3%～5%溶液，加热熏蒸，密闭门窗1～2小时，室内湿度控制在60%～80%。

二、过氧化氢

【性状】过氧化氢俗称双氧水，它是一种较强氧化剂，属高效消毒剂。过氧化氢溶液是一种无色透明液体，无异味，微酸苦。

【作用与用途】过氧化氢杀菌作用的发现已有100多年的历史，用于临床消毒亦有近百年历史。近些年在研究高效消毒剂和低温灭菌方法过程中，发现过氧化氢具备许多高效消毒剂的优点，如杀菌作用快速、杀菌能力强、杀菌谱广；同时具有其他低温消毒剂所不具备的特点，如刺激性小、腐蚀性低、容易气化、不残留有毒性等。

【制剂与用量】3%浓度的过氧化氢水溶液对细菌繁殖体的杀菌D值0.3～0.4分钟（90%活菌可被杀死）。1.5%的浓度作用5分钟，可完全杀灭临床常见的金黄色葡萄球菌、铜绿假单细胞和大肠埃希菌等。3%过氧化氢水溶液在室温下作用 20 分钟可杀灭结核杆菌和病毒。6% 过氧化氢水溶液作用 35 分钟，可杀灭类炭疽芽孢，对枯草杆菌黑色变种芽孢则只能杀灭 99.99%。用 6%~10% 过氧化氢水溶液浸泡不怕湿不耐热物品，作用 10 小时可达到杀菌。

三、漂白粉（含氯石灰）

【性状】本品是次氯酸钙、氯化钙与氢氧化钙的混合物，为灰白色粉末，有氯臭味。药典规定本品含有效氯应为 25%~30%。有效氯低于 16% 即不宜应用，因此，在使用、贮存漂白粉前应测定其有效氯含量。

本品置空气中因易吸收水分和二氧化碳而缓慢分解，故应密闭保存。

【作用与用途】本品的有效成分是次氯酸钙，其杀菌作用主要在水中分解出的次氯酸，次氯酸再分解，生成初生氧［O］和活性氯［Cl］，从而对细菌原浆蛋白产生氯化和氧化反应，发挥其杀菌作用。

本品杀菌作用与环境中酸碱度有关，在酸性环境中杀菌力最强；在碱性环境中杀菌力较弱。此外，还与温度和有机物的存在有关，温度升高杀菌力也随之增强；环境中存在有机物时，也会减弱其杀菌力。

本品可用于饮水、禽舍、用具、车辆及排泄物等的消毒。

【不良反应】本品干燥粉剂对动物皮肤不呈显著作用，但其水溶液或有水分存在时，则有刺激作用，可引起炎症以致坏死，故消毒时应注意保护。此外，本品对金属用具（尤其是铁制品）有腐蚀作用，对纺织品有褪色作用，故这些物品不宜用本品消毒。

【制剂与用量】以粉剂 6~10 克加入 1 立方米水中拌匀，30 分钟后可饮用；1%~3% 澄清液可用于饲槽、饮水槽及其他非金属用具的消毒；10%~20% 乳剂可用于禽舍和排泄物的消毒；将干粉剂与粪便 1：5 的比例均匀混合，可进行粪便消毒。

四、二氯异氰尿酸钠（优氯净）

【性状】本品为白色晶粉，有浓厚氯气味，含有效氯 60%~64%（一般按 60% 计算），性质稳定。一般室内保存半年后降低有效氯含量 0.16%，易溶于水，水溶液呈酸性，且稳定性差。

【作用与用途】本品杀菌能力较氯胺 –T 强，作用受有机物影响小，杀菌谱广，对细菌繁殖体、病毒、真菌孢子及细菌芽孢都有较强的杀灭作用。

可用于水、食品厂的加工器具和容器及餐具的消毒。

【不良反应】与漂白粉相同。

【制剂与用量】用本品的水溶液，通过喷洒、浸泡、擦拭等方法消毒。其用量如下：0.5%～1% 浓度用于杀灭细菌与病毒，5%～10% 浓度用于杀灭细菌芽孢。

本品的干粉用量：消毒粪便，用量为粪便的 1/5；场地消毒，每平方米为 10～20 毫克，作用 2～4 小时，而冬季 0℃ 以下时，每平方米用 50 毫克，作用 16～24 小时以上；用本品消毒饮水，每升水用 4 毫克，作用 30 分钟。

五、碘伏

碘伏是碘与表面活性剂络合的产物，表面活性剂作为载体增加了碘的溶解度。由于碘伏中的碘在表面活性剂中缓慢释出，故杀菌作用比较持久，刺激性较小，着色作用也基本消失。

【性状】本品为棕红色液体，具有亲水、亲脂两重性。

【作用与用途】本品含有效碘为 0.05% 时，10 分钟能杀灭各种细菌，如金黄色葡萄球菌、化脓性链球菌、绿脓杆菌、大肠杆菌、沙门氏杆菌、坏死杆菌、肺炎双球菌、巴氏杆菌等，适用于由这些细菌引起的传染病。含有效碘量为 0.15% 时，90 分钟可杀灭芽孢和病毒。

【制剂与用量】（1）喷雾消毒。适用于家禽在舍内时对禽舍和禽体消毒。药液用水稀释 20 倍。每立方米用药 3～9 毫升。

（2）洗刷浸泡消毒。适用于室内用具、孵化用具、手术器具、种蛋等的消毒。药液稀释倍数为 10～20 倍，洗刷消毒后不必用清水冲洗，浸泡种蛋数秒钟即可达到消毒目的。

（3）饮水消毒。在禽类发生肠道传染病时，每升饮水中加入原药液 15～20 毫升，饮用 3～5 天。

六、甲醛

【性状】本品为无色气体，易溶于水，其水溶液为无色或几乎无色的澄明液体；有刺激性特臭；长期贮存或贮于冷处，可产生多聚甲醛而变混浊，析出沉淀后不可供药用，如加入 8%～12% 甲醇可防止聚合。

【作用与用途】甲醛是最简单的脂肪醛，有极强的还原活性，能与蛋白质中的氨基发生烷化反应。甲醛由于与蛋白质发生烷化反应而使蛋白质变性，呈现强大的杀菌作用。

本品为广谱杀菌剂，0.25%～0.5%的甲醛溶液在6～12小时能杀死细菌、芽孢及病毒。主要用于禽舍、仓库、孵化室的消毒以及器械、标本和尸体的消毒防腐，还可用于雏鸡、种蛋消毒。

【制剂与用量】甲醛溶液即福尔马林，一般含甲醛40%，不得少于36%。

以2%福尔马林（0.8%甲醛）用于器械消毒；10%福尔马林（4%甲醛）用于固定解剖标本及保存疫苗、血清等。

熏蒸消毒法用量：每立方米的房间空间需福尔马林（含40%甲醛）15～30毫升，加等量水，然后加热蒸发；或加高锰酸钾（按5∶3的比例）氧化蒸发，采用此法1立方米所用的福尔马林（含40%甲醛）应增加到75毫升，高锰酸钾45克；如用于杀死芽孢的消毒，1立方米用福尔马林（含40%甲醛）需增加到250毫升。消毒时间12小时。消毒结束后打开门窗通风。为消除甲醛的刺激性气味，可用浓氨水，每立方米用2～5毫升加热蒸发，使其变为无刺激性的六甲烯胺。

甲醛熏蒸消毒必须有较高的气温和相对湿度，一般室内温度不低于20℃，相对湿度应为60%～80%。

雏鸡体表熏蒸消毒用量：每立方米体积用福尔马林（含40%甲醛）7毫升，水3.5毫升，高锰酸钾3.5克。熏蒸1小时。熏蒸时可见雏鸡不安、闭眼、走动、甩鼻、张喙、蹦跳，半小时后逐渐安静，消毒后的雏鸡不影响生长发育。

种蛋熏蒸消毒用量：消毒刚产下的蛋，每立方米体积的空间用福尔马林（含40%甲醛）14毫升，高锰酸钾7克，水7毫升。消毒孵化机内的蛋（入孵12小时的蛋不要熏蒸消毒），先将高锰酸钾放置于玻璃皿内并置于熏蒸处，再加入福尔马林，立即关闭孵化机门及通气孔道，熏蒸20分钟后，将残余气体排出。

七、戊二醛

【性状】消毒剂戊二醛原料成品含量为25%和50%（w/v），为无色或淡黄色油状液体，呈酸性。

【作用与用途】戊二醛于1908年首次合成，是一种重要化工产品，在医疗卫生和工业生产中都有广泛应用。1962 年 Pepper 等人发现其具有强大的杀菌作用，1963 年制备成应用于消毒的 2% 碱性戊二醛。经过国内外许多学者几十年的系统研究证明，戊二醛具有高效、广谱、快速杀灭微生物的作用，可有效杀灭各种细菌繁殖体、结合杆菌、真菌、细菌芽胞、病毒等。

【杀菌机制】戊二醛的杀菌作用主要靠两个活泼的醛基的烷基化作用，直接或间接作用于生物蛋白分子的不同基团，使其失去生物学活性导致微生物死亡。

【制剂与用量】多数研究证明，2% 戊二醛水溶液浸泡作用 2～10 分钟，可杀灭细菌繁殖体 99.99%～100%。2% 碱性和酸性戊二醛水溶液在 10～30 分钟，可杀灭白色念珠菌的实验株和临床分离株，60 分钟内可杀灭各种真菌。戊二醛对各种病毒都有良好的灭活作用，是各种病毒污染物最有效的消毒剂之一。

八、苯酚（酚、石炭酸）

【性状】本品为无色或淡红色针状结晶，有特臭，可溶于水，易溶于醇、甘油及油。

【作用与用途】本品是酚类化合物中最早的消毒剂，它对组织有腐蚀性和刺激性，故已被更有效且毒性低的酚类衍生物所代替。虽然本品已失去它在消毒中的位置，但仍用它作为石炭漏酸系数来表示杀毒强度。如酚的石炭酸系数为 1，当甲酸对伤寒杆菌的石炭酸系数为 2 时，则表示甲酚的杀菌能力是酚的 2 倍。苯酚能溶解胞浆膜类脂层，而使胞浆膜损伤，从而导致细菌死亡。此外，也有人证明酚类消毒杀毒杀菌作用是由于酚与蛋白质发生缔合作用，这种作用可能是酚上的羟基与蛋白质游离氨基通过氢键形成而发生的，这样就使细菌细胞原生质中的蛋白质由于高度变性而死亡。

本品在 0.5%～1% 的浓度可抑制一般细菌，1% 的浓度能杀死一般细菌。但要杀死葡萄球菌、链球菌需 3% 的浓度，杀死霉菌需 1.3% 以上的浓度。芽孢和病毒对本品的耐受性很强，所以一般无效。

本品多用于运输车辆、墙壁、运动场地及禽舍内的消毒。因有特臭味，肉、蛋的运输车辆及储藏肉、蛋品仓库不宜用本品消毒。

【不良反应】本品的腐蚀作用很大，而且被机体吸收后可引起中毒，其中毒症状是中枢神经系统先兴奋后抑制，最后因呼吸中枢麻痹而死亡。

【制剂与用量】本品的水溶液抗菌作用最强，所以用其水溶液消毒。但由于本品的杀菌力不强，一般消毒都需要3%～5%浓度。

九、煤酚皂溶液（甲酚皂溶液、来苏尔）

【性状】本品为黄棕色至红棕色的黏稠液体，有甲酚的臭味，能溶于水或醇中。本品含甲酚50%。

【作用与用途】本品的杀菌力强于苯酚，而腐蚀性与毒性则较低。对一般繁殖型病原菌作用良好，但对芽孢和病毒作用不可靠。主要用于禽舍、用具与排泄物的消毒。由于有臭味，不宜用于肉品、蛋品的消毒。

【制剂与用量】常用水溶液。禽舍、用具消毒的浓度为3%～5%，排泄物消毒的浓度为5%～10%。

十、苯扎溴铵（新洁尔灭）

【性状】苯扎溴铵又名溴化苄烷铵，其为一种淡黄色黏稠透明胶状体，带有芳香气味，味苦。易溶解于水和乙醇，水溶液呈无色透明，碱性反应，富有泡沫，挥发性低，性能稳定，可长期储存。

【作用与用途】苯扎溴铵曾用名新洁尔灭是在消毒方面应用最广泛的一种季铵盐。但苯扎溴铵抑菌作用强而杀菌作用弱。

【杀菌机制】（1）它的分子可吸附到菌体表面，改变细胞渗透性，溶解损伤细胞使菌体破裂，胞内菌体破裂，胞内容物外流。（2）表面活性作用，季铵盐分子靠其表面活性作用在菌体表面浓集，阻碍细菌代谢，使胞膜结构紊乱。（3）渗透到菌体内使蛋白发生变性和沉淀。（4）破坏细菌酶系统，特别是对脱氢酶类、氧化酶类的活性产生影响。

【制剂与用量】（1）皮肤消毒　由于苯扎溴铵低毒无味、无刺激、过去曾是皮肤消毒主要消毒剂，但目前已经不多用。目前，常用1 000毫克/升浓度苯扎溴铵水溶液作卫生消毒，可以消除肠道致病菌，并且具有良好的去污能力。（2）黏膜消毒　临床常用0.05%苯扎溴铵水溶液作为畜禽的黏膜消毒；亦可用1 000毫克/升浓度的水溶液作黏膜擦拭消毒。（3）伤口冲洗消毒　苯扎溴铵无刺激性，适合于伤口冲洗消毒。临床常用1 000毫克/升浓度的水溶液冲洗擦拭污染伤口，利用其表面活性作用，去除伤口污染物和分泌物并可杀灭化脓性细菌，预防感染。

十一、百毒杀

【性状】本品为无色、无臭液体，能溶于水。

【作用与用途】本品为双链季铵盐消毒剂，比一般单链季铵盐化合物强数倍。它能迅速渗透入胞浆膜脂质体和蛋白质体，改变细胞膜通透性，具有较强的杀菌力。对沙门氏菌、多杀性巴氏杆菌、大肠杆菌、金色葡萄球菌、鸡新城疫病毒、法氏囊炎病毒以及霉菌、真菌、藻类等微生物有杀灭作用。可用于饮水消毒、带动物消毒、种蛋消毒、种蛋与孵化室消毒、肉品与乳品机械用具消毒、饲养用具及室内外环境消毒。

【不良反应】按规定剂量应用对人畜无毒、无刺激性，但剂量过大、浓度过高，其毒性极大。

【制剂与用量】液体剂型，有 50%、10% 浓度两种。百毒杀（50%）饮水消毒用 0.05%～0.1%，带动物消毒用 0.3%。百毒杀 -S（10%）饮水消毒用 0.25%～0.5%，带动物消毒用 0.15%。在病毒或细菌性传染病发生时，百毒杀（50%）可用 0.1%～0.2%，百毒杀 -S（10%）可用 0.5%～1.0%。

十二、高锰酸钾（灰锰氧）

【性状】本品为暗紫色斜方形的结晶或结晶性粉末，无臭，易溶于水（1∶15），溶液呈粉红色乃至暗紫红色。本品应密闭保存。

【作用与用途】本品为强氧化剂，遇有机物即起氧化作用。氧化后分解出的氧，能使一些酶蛋白和原浆蛋白中的活性集团如巯基（-SH）氧化变为二硫链（-S-S-）而失效。本品作用后还原产生的二氧化锰，可与蛋白质结合成盐，因此低浓度时还有收敛作用。

用 0.1% 的高锰酸钾溶液能杀死多数繁殖型细菌，2%～5% 溶液能在 24 小时杀死芽孢。本品在酸性溶液中杀菌作用增强，如含有 1.1% 盐酸的 1% 高锰酸钾溶液能在 30 秒钟内杀死炭疽芽孢。0.1% 溶液可用于蔬菜及饮水消毒，但不宜用于肉食品消毒，因其能使表层变色，其与蛋白质结合的二氧化锰对食品卫生也有害。此外，常利用高锰酸钾的氧化性能来加速福尔马林（含40% 甲醛溶液）蒸发而起到空气消毒作用。

本品除杀菌消毒作用外，还有防腐、除臭功效。

【配伍注意】水溶液遇到有机物如甘油、酒精、吗啡等则失效，遇氨及其制剂即产生沉淀。此外，本品与甘油、碘、糖等还原剂研合可导致爆炸，用时须注意。

【制剂与用量】常用水溶液，要求现配现用。

0.1% 的水溶液用于皮肤、黏膜创面冲洗及蔬菜、饮水消毒；2%～5% 的水溶液用于杀死芽孢的消毒及盛肉桶的洗涤。

十三、醋酸

【性状】本品为无色透明的液体，味极酸，能与水、醇或甘油任意混合。药典规定本品含 CH_3COOH（纯醋酸）36%～37%。临床常用的稀醋酸含纯醋酸 5.7%～6.3%，食用醋酸含纯醋酸 2%～10%。

【作用与用途】本品对伤寒杆菌、大肠杆菌、葡萄球菌和链球菌具有杀灭和抑制作用，它的蒸汽或喷雾用于空气消毒，能杀死流感病毒及某些革兰氏阳性菌。本品刺激性小，消毒时家禽不需移出室外。

【制剂与用量】稀醋酸加热蒸发用于空气消毒，每 100 立方米用 20～40 毫升，如用食用醋，每 100 立方米用 300～1 000 毫升。

十四、氢氧化钠（苛性钠）

【性状】本品为白色或黄色的块状或棒状物质，易溶于水和醇，露置空气中因易吸收 CO_2 和湿气而潮解失效，故而密闭保存。

【作用与用途】本品的杀菌作用很强，常用于病毒性感染（如鸡新城疫等疾病）及细菌性感染（如禽出败等疾病）的消毒，还可用于炭疽的消毒，对寄生虫卵也有杀灭作用。

本品用于禽舍、器具和运输船的消毒，也可在食品工厂使用，但需注意高浓度的碱液会灼伤组织，并对铝制品、纺织品、漆面等有损害作用。

【制剂与用量】2% 的溶液用于病毒性与细菌性污染的消毒，5% 的溶液用于炭疽的消毒。

粗制烧碱或固体碱含氢氧化钠做消毒药应用。

十五、石灰

【性状】石灰为白色的块或粉，主要成分是氧化钙（CaO），加水即成氢氧化钙 [Ca（OH）$_2$]，俗称熟石灰或消石灰，属强碱性，吸湿性很强。

【作用与用途】本品为价廉易得的良好消毒药，以氢氧离子发挥其杀菌作用，钙离子也能与细菌原生质起作用而形成蛋白钙，使蛋白质变性。

本品对一般细菌有效，对芽孢及结核杆菌无效。常用于墙壁、地面、粪池及污水沟等的消毒。

【制剂与用量】常用石灰乳，因石灰必须在有水分的情况下，才会游离出 OH^- 而发挥消毒作用。

石灰乳由石灰加水配成，消毒浓度为 10%～20%。

石灰可从空气中吸收 CO_2 变成碳酸钙沉淀而失效，故石灰乳须现用现配，不宜久贮。

第四节　临床用药技术及常用药物

（一）常用药物的给药方法

1. 群体给药法

（1）混水给药法。这种给药方法就是按照防治鸡病要求的浓度，将药物溶解水中，使鸡群在一定时间内通过饮用药水而达到防病治病的目的。

方法及注意事项：①根据饮水量计算药液的用量，一般情况下，按 24 小时 2/3 需水量加药，任其自由饮用，药液饮用完毕再加 1/3 新鲜饮水。若使用在水中稳定性差的药物，或因治病需要，可采用对鸡群停止供水 1～2 小时后，以 24 小时需水量的 1/5 加药供饮，尽量在 1～2 小时内饮完的方法。②要了解药物在水中的溶解度，易溶于水的药物，能够迅速达到规定的浓度，难溶于水的药物，若经加热，搅拌或加助溶剂后，如能达到规定浓度，也可混水给药。③注意混水给药的浓度，不可盲目加大用药量。④禁止在流水中给药，以避免浓度不均匀。⑤鸡的饮水量受舍温、饲料、饲养方式、气候等因素的影响，计算饮水量时应予考虑。

（2）混饲给药。拌在饲料中服药是在养鸡生产中最常用的给药方法之一，即将所选用的药品按一定浓度（或比例）混合在饲料中，让鸡自由采食，以达到防病治病的目的（图 5-6）。

方法及注意事项：常用递增稀释法，先将药物加入少量饲料中混匀，再与10倍量饲料混合，以此类推，直到与所需全部饲料混匀。给药时应注意药物与饲料添加物的相容性与相互关系。

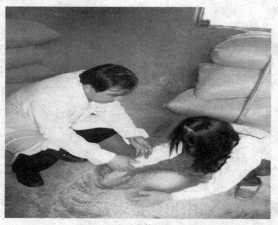

图5-6　饲料递增法用药

（3）气雾给药。气雾给药就是利用相应的器械或化学方法，将药物气雾化，分散成为一定的微型药物颗粒，飘散在空气中，让鸡通过呼吸道吸入体内或者作用于体表的一种给药方法。

这种呼吸道给药的方法，主要适用于鸡慢性呼吸道病，传染性鼻炎，传染性喉气管炎及其并发症等。

方法及注意事项：①选择适宜的药物。要求选择对鸡呼吸道无刺激性，且能溶解于呼吸道分泌物中的药物，否则不宜使用。②掌握气雾用药的剂量。气雾给药的剂量与其他给药的途径不同，一般以每立方米用多少药物来表示。如硫酸新霉素对鸡的气雾用药剂量是每立方米100万单位，鸡只吸入时间应该为1.5小时，要想掌握气雾的药量，那么我们就应该先计算出鸡舍的体积，然后再计算出药物的用量。③要严格控制雾粒大小，确保用药效果。颗粒越小，越容易进入肺泡，可是却与肺泡表面的黏着力变小，容易随肺脏呼气排出体外；颗粒越大，则大部分散落在地面和墙壁或停留在呼吸道黏膜表面，不易进入肺脏深部，造成药物吸收不好。临床根据用药目的，适当调节气雾颗粒的大小。如果要治疗深部呼吸道或全身感染，气雾颗粒的大小应控制在0.5～5微米，如果要治疗上呼吸道炎症或使药物主要作用于上呼吸道则要加大雾化颗粒。如治疗鸡传染性鼻炎时，颗粒一般控制在 10~30 微米。喷头的距离应在鸡头上方 80 厘米左右。④在给药的同时，一定要密闭鸡舍。

2. 个体给药法

（1）经口给药。是将药片或药液直接通过口腔投服的给药方法。此法剂量准确，但费工费时。

（2）肌肉注射。药液通过胸部肌肉、腿部肌肉和翅肌注射给药的一种方法。具有操作简便，剂量准确，药效发挥迅速、稳定等优点。

（二）联合应用的效应

目前可将抗菌药分为四大类：第一类为繁殖期杀菌剂，如青霉素、头孢菌素类等；第二类为静止期杀菌剂，如氨基糖苷类、多黏菌素 B 和 E 等；第三类为快效抑菌剂，如四环素类、大环内酯类抗生素等；第四类为慢效抑菌剂，如磺胺类等。第一类和第二类合用常可获得协同作用，第三类与第一类合用常可获得协同作用或相加作用，第三类和第四类合用一般可获得相加作用，第四类对第一类的作用一般无重大影响，第三类对第一类的作用有明显的减弱作用。此外，同一类的抗菌药物也可考虑合用，如四环素和红霉素的合用，链霉素和多黏菌素的合用等。但作用机理或方式相同的抗生素（特别是氨基糖苷类之间）不宜合用，以免增加毒性。还需指出，无根据的盲目联合用药是不可取的。有配伍禁忌的配伍应当严格禁止，各种抗菌药可能有效的组合见表 5-2、表 5-3：

表5-2　抗菌药物的联合应用

病原菌	抗菌药物的联合应用
一般革兰氏阳性菌和阴性菌	青霉素 G+ 链霉素，SMZ+TMP 或 DVD，SMZ+TMP 或 DVD，SD+TMP 或 DVD，卡那霉素或庆大霉素 + 四环素或氨苄青霉素
金黄色葡萄球菌	苯唑青霉素 + 卡那霉素或庆大霉素，红霉素 + 庆大霉素或卡那霉素，红霉素 + 利福平或杆菌肽，头孢菌素 + 庆大霉素或卡那霉素，杆菌肽 + 头孢菌素或苯唑青霉素
大肠杆菌	链霉素、卡那霉素或庆大霉素 + 四环素类，氨苄青霉素、头孢菌素或羧苄青霉素，多黏菌素 + 四环素类，庆大霉素、卡那霉素、氨苄青霉素或头孢菌素类，SMZ+TMP 或 DVD
变形杆菌	链霉素、卡那霉素或庆大霉素 + 四环素类，氨苄青霉素或羧苄青霉素，SMZ+TMP
绿脓杆菌	多黏菌素 B 或多黏菌素 E+ 四环素类、庆大霉素或氨苄青霉素，庆大霉素 + 四环素类、羧苄青霉素

表5-3 抗菌药之间的相互作用

	青霉素类	头孢菌素类	链霉素	新霉素	四环素	红霉素	卡那霉素	多黏菌素	喹诺酮类
头孢菌素类	±								
链霉素	+++	++							
新霉素	++	++	−						
四环素	±	±	±	±					
红霉素	±	±	++	±					
卡那霉素	±	++	±	±	±				
多黏菌素	++	++	−	−	++	++			
喹诺酮类	++	++	++	++	±	±	++	++	
磺胺类	±	±	±	++	±	−	++	++	++

注：+++：两种药物有增强作用；++：两种药有相加作用；+：两种药彼此无作用；±两种药物有颉颃作用；−：两种药物共用有害作用增强或发生理化变化。

第五节　用药误区及防治对策

（一）用药常见的误区

目前，在禽类疾病的治疗过程中，药物的应用经常存在以下几个方面的误区和不足：

（1）不注意给药的时间。无论什么药物，固定给药模式或用药习惯，不是在料前喂，就是在料后喂。

（2）不注意给药次数。不管什么药物，通通一天给药2次。应按说明书或兽医的指导给药，不能随意增加或减少给药次数。

（3）不考虑给药间隔。凡是一日2次给药，白天间隔过短（6～7小时），而晚间间隔过长（17～18小时）。

（4）不重视给药方法。无论什么药物，不管什么疾病，一律饮水或拌料给药，自由饮水或采食。

（5）片面加大用药量或减少对水量。无论什么药物，按照厂家产品说明书，通通加倍用药。

（6）疗程不足或频繁换药。不管什么药物，不论什么疾病，见效或不见效，通通 2 天停药或换药。

（7）不适时更换新药。许多用户用某一种药物治愈了某一种疾病，就认准这种药物，反复使用，即使包装规格甚至颜色改变也不接受，且不改变用量，一用到底。

（8）药物选择不对症。如本来为呼吸道疾病，口服给药用肠道不宜吸收药物等（硫酸新霉素、丁胺卡那霉素等）。

（9）盲目搭配用药。不论什么疾病，如大肠杆菌与慢呼混感，不清楚药理药效，多种药物搭配使用，如含有治疗大肠杆菌的噻唑钠与含有治疗支原体感染的红霉素搭配。

（10）忽视不同情况下的用药差别。如疾病状态、种别、药物酸碱性影响、水质等。

（二）防治对策

据不完全统计，在家禽疾病治疗失败的疾病中，用法与用量不当占 50%以上。盲目用药、滥用药所致药物耐药性造成的治疗失败占 30% 以上，其中，药物的超大剂量使用导致细菌相对耐药性产生占 50% 以上，治疗不对症占 10% 以上，其他约占 10%。由此看来，同一药物对同一疾病的治疗，用药是否正确，治疗结果差异很大，因此，在禽病治疗过程中，必须采取正确的方法和措施来消除用药误区，提高治疗效果。

1. 关于给药时间（又称时间药理）

口服药物大多数是在胃肠道吸收的，因此，胃肠道的生理环境，尤其是 pH 值的高低，饱腹状态，胃排空速率等往往影响药物的生物利用度（F）。如林可霉素需空腹给药，采食后给药药效下降 2/3；而红霉素则需喂饲中或喂饲后给药，否则，易受胃酸破坏，药效下降 80%。而有的药物需定点给药，如用氨茶碱治疗支原体、传支、传喉所致呼吸困难时，最佳用药方法是将 2 天的用量于晚间 8 点一次应用，这样既可提高其平喘效果，且强心作用增加 4~8 倍，还可以减少与其他药物如红霉素、氨基糖苷类等不良反应发生。

（1）需要注意给药的时间。常用药物及口服方法如下：

①需空腹给药的药物有（料前 1 小时）：半合成青霉素中阿莫西林、氨

苄西林、头孢菌素（头孢曲松钠除外）、强力霉素、林可霉素、利福平，喹诺酮类中诺氟沙星、环丙沙星、甲磺酸培氟沙星等。

②料喂后2小时给药的药物有：罗红霉素、阿奇霉素、左旋氧氟沙星。

（2）需定点给药的药物有以下几种：

①地塞米松磷酸钠（治疗禽大肠杆菌症、腹膜炎、重症菌毒混合感染）：将2天用量于上午8点一次性投药，可提高效果，减轻撤停反应。

②氨茶碱：将2天用量于晚间8点一次性投药。

③扑而敏、盐酸苯海拉明：将1天用量于晚间9点一次性投药。

④蛋鸡补钙（葡萄糖酸钙、乳酸钙）：早晨6点补钙效果最佳。

（3）需喂料时给药的药物有：脂溶性维生素（维生素D、维生素E、维生素A、维生素K）、红霉素等。

（4）使用中药的给药时间

①治疗肺部感染、支气管炎、心包炎、肝周炎，宜早晨料前一次投喂。

②治疗肠道疾病、输卵管炎、卵黄性腹膜炎，宜晚间料后一次投喂。

2. 关于给药次数

由于药物不同，其抗菌机理、药效学和药代动力学不同，一日用药次数也不同，如浓度依赖型杀菌药物（氨基糖苷类、喹诺酮类），其杀菌主要取决于药物浓度而不是用药次数，以2MBC（最低杀菌浓度，可以理解为通常使用剂量的2倍）一日只需给药一次，有利于迅速达到有效血药浓度，缩短达峰时间，既可以提高疗效，又可以减少不良反应，否则即使一天给药10次，也不能达到治疗目的。而抑菌药（如红霉素、林可霉素等）的作用，在达到MIC（最低抑菌浓度）时，主要取决于必要的用药次数，次数不足，即使10倍最低抑菌浓度，也不能达到治疗目的，反而造成细菌在高浓度压力下的相对耐药性产生。除抗感染药物外，某些半衰期长的药物，如地塞米松磷酸钠、硫酸阿托品、盐酸溴己环铵等，也可一日给药一次。可一日给一次的药物有：头孢三嗪、氨基糖苷类、氟本尼考、阿齐霉素、琥乙红霉素（用于支原体感染）、克林霉素（用于金黄葡萄球菌感染）、硫酸粘杆菌素、磺胺间甲氧嘧啶、硫酸阿托品、盐酸溴己新等。可2日给药一次的药物有：地塞米松磷酸钠、氨茶碱等。其他的药物多为一日2次用药。有的药物如麻黄碱喷雾给药接触严重喘病时，也可以一日多次给药。

3. 关于给药间隔

不同药物一日用药次数不同，特别是上述提到的抑菌药物。而在通常的用药习惯上，有时可能出于使用方便，一日仅2次给药，因此，在尽可能选择血药半衰期长的品种的同时，应充分重视给药时间对药物作用的影响。而许多用户可能上午9～10点给药，下午4～5点就给药了，这样就必然造成白天用药间隔过短，浪费药物，而晚间药力接续不上，治疗效果差。而正确的用药间隔为12小时；如在实际养殖过程中不易做到的话，白天两次用药间隔时间保证在10小时以上，以确保药物的连续作用。

4. 关于给药方法

混饮或拌料是最常用最习惯的给药方法，但由于药物不同、疾病不同、疾病严重程度不同，还应考虑喷雾给药和肌肉注射给药。

（1）可用于喷雾给药的药物。如利巴韦林、氨茶碱、麻黄碱、扑尔敏、克林霉素、阿奇霉素、单硫酸卡那霉素、氟本尼考等，特别是用利巴韦林治疗病毒感染，喷雾给药的效果是同剂量药物饮水给药的10倍，最佳的雾滴直径为10～20微米，即使用常规喷雾器（直径≥80微米）也会取得较饮水给药更好的效果。

（2）可用于喷雾给药治疗的疾病。如慢性呼吸道疾病、病毒性呼吸道感染、不能采料和饮水的重症感染（如禽流感或慢性新城疫与大肠杆菌、支原体重症混合感染，注射给药因应激常导致病鸡肝破裂而死亡，而喷雾是唯一的给药方法）。

（3）可用于肌肉注射治疗的疾病。如大肠杆菌性败血症、重症腹膜炎（常导致药物肠道吸收不良）、重度菌毒感染。

5. 关于用药剂量和对水量

加大用量常导致中毒死亡，所以选择和使用药物时应注意：

①尽可能选择科技含量高，质量可靠，注重自身品牌厂家的产品。

②按照厂家说明书确定对水量。

③为达到最佳效果，每次用药对水量，一日一次，以日饮水量30%为宜，一日2次，各以日饮水量25%为宜。为使药物血药达峰时间缩短最好限制药

水饮用时间，以不超过 1 小时为宜，切忌将药物加入水中让鸡自由饮用（达不到血药峰值，治疗效果差）。因此，投药前需停水，冬季停水 2 小时，夏季 1 小时。

④如果不能确定厂家说明书的对水量是否属实，那么正确做法是，首次倍量，以后常量使用（此为美国首席医药顾问所推荐的最佳给药方法）。

6. 关于疗程和停药时间

任何禽病的治疗都需要一定的疗程。而许多用户对此认识不足，通常用药 2 天，有时见效就停药，多造成复发；而有的治疗 2 天不见效就开始换药，结果造成细菌耐药性的产生和药物的浪费，延误治疗时机，反而延长疗程。至于最佳的停药时间，可根据病情轻重加以确定，通常情况下，以表征解除后如止泻、退热平喘、采食、精神恢复等，再用药 3 天为宜。而对于重症疾病或菌毒混合感染，以及不明原因混合感染如大肠杆菌病（败血症、心包炎、肝周炎、腹膜炎）、鸡白痢、禽伤寒、副伤寒、禽流感、慢性新城疫及其大肠杆菌混合感染，病毒性肝炎等一般在表征解除后，需用药 3～5 天。有时为降低用药成本，可首先选用高效药物如阿奇霉素＋丁胺卡那霉素治疗慢呼与大肠杆菌疾病时，用药 2 次（一日一次）控制疾病后，可选用廉价药物或中药结合使用速溶电解多维，巩固疗效 2～3 日。

7. 关于新产品选择和适时更换新药

随着家禽养殖规模的不断扩大和时间不断延长，禽病变的越来越复杂，混合感染疾病的种类越来越多，新疾病、病原微生物发生变异者层出不穷，许多药物的相对耐药性逐渐增加，同时新原料、新制剂日新月异，这都要求广大终端用户审时度势，在没有化验室手段的情况下，可适当选择新的抗菌素。如治疗大肠杆菌病，头孢噻夫钠菌等产品已投放市场，而许多用户还抱着喹诺酮类等耐药率较高的药物，且用药浓度长期不变，这样势必造成治疗效果常常不佳，用药成本居高不下，疗程过长。在对待新药物的选择上，以往的观念是，为防止细菌产生耐药性，往往保留 1～2 类新药不用。而最新研究结果表明，只要有确切指征，用法与用量相当，对某种病原体呈现高敏，新原料的选用反而有利于减少耐药菌株的产生概率（绝对耐药除外，如鸡链球菌对庆大霉素天然耐药）。因此，需考虑成本外，在禽病治疗中尽可能选择高敏的新产品。

第六节　常用抗生素及使用指南

一、青霉素G钠（钾）

【性状】白色或微黄色结晶性粉末，无臭或微有特异性臭味，遇酸、碱、氧化剂即迅速失效，加水稀释后要及时用完，不得超过24小时。

【作用与用途】主要是抑制细菌细胞壁的合成，从而破坏其对菌体的保护作用，临床上用于治疗多种阳性菌感染。如鸡的葡萄球菌病，链球菌病。

【用法及用量】注射用青霉素G钠(钾)，成年鸡，每只肌肉注射5万单位，一日两次。内服，雏鸡每只2 000单位计算，混于饲料或饮水中服用。

【配伍注意】青霉素注射剂遇碘酊、高锰酸钾、高浓度甘油或酒精被破坏失效；不宜与四环素、卡那霉素、庆大霉素、维生素C、碳酸氢钠、磺胺钠盐等混合使用。

二、硫酸链霉素

【性状】白色或类白色粉末，无臭或几乎无臭，味微苦，易溶于水。

【作用与用途】用于革兰氏阴性菌和结核杆菌引起的感染。临床多用于防治禽霍乱、传染性鼻炎、支原体、大肠杆菌病、沙门氏菌病等。

【用法及用量】硫酸链霉素粉针：1月龄小鸡每次2万~4万单位/只，2~4月龄每次5万~10万单位/只，成年鸡每次用10万~20万单位/只，每天2次。口服量：每千克体重0.05克（或5万单位）；喷雾用量：每100立方米空间用20克。

【配伍注意】注射剂遇碱、酸或氧化剂、还原剂，均易受破坏而失效。

三、硫酸卡那霉素

【性状】白色结晶性粉末，无臭，易溶于水，有吸湿性，氧化变黄不能应用。

【作用与用途】本品对很多革兰氏阴性菌具有强大的抗菌作用。对金黄色葡萄球菌和结核杆菌也有作用，而对革兰氏阳性菌则作用很弱。临床主要用于对禽霍乱、葡萄球菌病、鸡白痢、鸡大肠杆菌病、支原体病等的防治。

【用法及用量】肌肉注射，每千克体重 10～30 毫克，每日两次；饮水，每升水中加入 30～120 毫克，连用三天；混饲，每千克体重 40 毫克。

四、新霉素

【性状】白色或类白色粉末，无臭，易溶于水。

【作用与用途】主要是干扰细菌蛋白质的合成。临床主要用于防治鸡的葡萄球菌病、大肠杆菌病、沙门氏菌病、伤寒病以及呼吸道感染等。

【用法及用量】硫酸新霉素片剂，混饲内服量为：每吨饲料加 70～140 克；饮水浓度为：每吨水为 35～70 克。注射用硫酸新霉素，肌肉注射量为：20～30 毫克 / 千克体重。

【不良反应】肌注后对肾脏和听觉神经有严重损害。一般不做注射给药和全身应用。但可用气雾给药。

五、硫酸庆大霉素

【性状】白色或类白色粉末，无臭，易溶于水，有吸湿性。

【作用与用途】本品为广谱抗生素，用于多种革兰氏阴性和阳性菌感染。临床多用于防治鸡的葡萄球菌病、链球菌病、鸡白痢、大肠杆菌病、慢性呼吸道病等。

【用法及用量】硫酸庆大霉素针剂，家禽肌肉注射用量：6 000～10 000 单位 / 千克体重；预防用量：每升水中加入 2 万～4 万单位，连饮 3 天。5% 的庆大霉素溶液浸泡种蛋，能杀灭沙门氏菌。

六、庆大—小诺霉素

【性状】本品为白色结晶，溶于水，易吸湿。

【作用与用途】本品做体外抑菌试验，对沙门氏菌等革兰氏阴性杆菌高度敏感，且优于庆大霉素，但对革兰氏阳性菌则敏感度较低。临床用于防治禽巴氏杆菌病、鸡传染性鼻炎、鸡白痢、鸡支原体病等。

【用法及用量】粉针。肌肉注射量鸡用每次 2～4 毫克 / 千克体重，每天 2 次，连用 2～3 天。

七、土霉素

【性状】淡黄色至暗黄色结晶性粉末或无定形粉末，无臭，在阳光下颜色变暗，在碱性水中易失效，在水中极微溶解。

【作用与用途】为广谱抗生素，除用于革兰氏阳性菌和阴性菌感染外，对螺旋体、放线菌、霉菌、衣原体等和某些原虫都有抑制作用。临床主要用于防治鸡白痢、禽伤寒、禽副伤寒、葡萄球菌病、大肠杆菌病以及禽霍乱等。

【用法及用量】注射用盐酸土霉素，肌肉注射：鸡每千克体重40～50毫克，每日两次；土霉素片，内服：成年鸡每只1万～2万单位，小鸡5 000单位；用于饲料添加剂：鸡每吨饲料加土霉素5～7.5克。

八、强力霉素（脱氧土霉素、多西环素）

【性状】本品为淡黄色或黄色结晶性粉末，无臭，味苦，有吸湿性。其盐酸盐易溶于水。

【作用与用途】本品对溶血性链球菌、葡萄球菌等革兰氏阳性菌以及巴氏杆菌、沙门氏菌、大肠杆菌等革兰氏阴性菌和霉形体均有较强的抑制作用，临床上主要用于防治鸡葡萄球菌病、链球菌病、禽霍乱、沙门氏菌病、大肠杆菌病以及支原体病等。

【用法及用量】片剂：内服量为10～20毫克/只；粉剂拌料浓度为0.1%～0.2%，饮水浓度为0.05%～0.1%。

【不良反应】大剂量或长时间连续使用时，可引起肠道正常菌群失调和维生素缺乏。

九、泰乐菌素

【性状】白色结晶，微溶于水。

【作用与用途】对革兰氏阳性菌或某些阴性菌如金黄色葡萄球菌、化脓链球菌等有抗菌作用。对霉形体特别有效。

【用法及用量】育成鸡内服每千克体重25毫克，每天一次。饮水每升水中加0.5～1克，拌料为每千克饲料中加0.02～0.05克。缓解应激反应的混料浓度为0.05～0.01克。成年鸡注射量，每只每次不得少于62.5毫克。

【不良反应】鸡皮下注射泰乐菌素，有时引起暂时性的颜面肿胀。

十、北里霉素（柱晶白霉素）

【性状】淡黄色粉末，可溶于水，没有异味，在饲料和饮水中高度稳定。

【作用与用途】是一种广谱抗生素，对革兰氏阳性菌、部分革兰氏阴性菌、霉形体、衣原体、钩端螺旋体及立克次氏体等有效，尤其是对霉形体的作用强。

【用法及用量】预防慢性呼吸道病时，饮水浓度 0.25%～0.5%，1～3 日龄雏鸡连用 3 天，以后遇应激时，每次用药 1～2 天，或间隔 4 周定期用药 1～2 天；拌料浓度为 0.11%～0.33%，用药时间与混水相同，但每次可连用 5～7 天。

十一、洁霉素（林可霉素）

【性状】呈白色粉末，微臭味苦。

【作用与用途】对大多数革兰氏阳性菌、芽孢杆菌有较强的抑菌作用，对霉形体作用显著，并可作为肉鸡的生长促进剂，使饲料的利用率提高，增重加快。临床主要用于防治鸡的慢性呼吸道病、大肠杆菌病、葡萄球菌病、坏死性肠炎等。

【用法及用量】饮水每升水中加 0.03 克，连用 4～7 天。口服用量为 15～30 毫克 / 千克体重，每天两次。与壮观霉素按 1：2 组成合剂，能有效预防雏鸡大肠杆菌及金黄色葡萄球菌病。雏鸡颈背部皮下注射 0.2 毫升。

十二、红霉素

【性状】白色或类白色结晶或粉末，难溶于水。本品为碱性，与酸结合的盐易溶于水。

【作用与用途】抗菌谱与青霉素 G 相似，对革兰氏阳性菌如金黄色葡萄球菌、链球菌、李氏杆菌等作用强，对革兰氏阴性菌作用弱。作用机理主要是影响细菌蛋白质合成的肽链延长阶段。主要用于治疗耐青霉素 G 的金黄色葡萄球菌所引起的严重感染。

【用法及用量】饮水，按 0.1% 浓度，连用 3～5 天；拌料，按 0.02%～0.05%，如用缓解应激反应，则可使用 0.005%～0.01% 浓度；注射剂量，成年鸡用 10～40 毫克 / 千克体重，2 次 / 日。预防慢性呼吸道疾病和传染性滑膜炎时，其浓度为 1.5%～2.0%。

十三、氟哌酸

【性状】淡黄色结晶，微溶于水，应遮光、密封保存。

【作用与用途】抗菌效力强，抗菌谱广。对革兰氏阴性菌作用强，对革兰氏阳性及鸡霉形体也有较强的作用。临床上主要用于防治鸡白痢、大肠杆菌病、霉形体病等。

【用法及用量】氟哌酸粉剂：混料浓度为 0.05%～0.1%。水溶性氟哌酸粉剂：饮水浓度为 0.02%～0.04%。

【不良反应】本品毒性低，0.05%～0.4% 给鸡连续饲喂 14 天，不影响雏鸡增重。

十四、制霉菌素

【性状】黄色粉末，在空气、阳光及酸碱的影响下可使效力降低。不溶于水。

【作用与用途】对各种真菌有效，对细菌无效。本品对烟曲霉菌、白色念球菌、麦格氏毛癣菌等危害家禽的真菌有效。临床主要用于鸡念球菌病、曲霉菌病、鸡冠癣等真菌病的防治。

【用法及用量】治疗雏鸡曲霉菌病，口服 5 000 单位/（只·次）。2～4 次/天，连用 2～3 天。治疗念球菌病，拌料，饲料添加 100 万～150 万单位/千克，连用 5～7 天。

十五、克霉唑（三苯甲咪唑）

【性状】白色结晶，弱碱性，难溶于水，易溶于有机溶剂如氯仿、丙酮。

【作用与用途】对危害鸡的真菌如白色念球菌、烟曲霉菌及麦格氏毛癣菌有作用，对真菌只起抑制作用，所以在治疗时如停药过早，则复发率高，需长时间用药，才能降低复发率。真菌对本品不产生耐药性，且对皮肤及深部真菌感染均有较好的疗效。

【用法及用量】克霉唑片，每片 0.25 克，用量为雏鸡 100 只用 1 克混料内服。克霉唑癣药水，外用。克霉素软膏剂，外用。

十六、磺胺嘧啶

【作用与用途】抗菌作用好，多用于治疗禽霍乱、大肠杆菌病、卡氏白细胞原虫病、禽伤寒、鸡白痢等。

【用法及用量】混饲浓度，0.2%，连用 3 天；饮水浓度，0.1%～0.2%，连用 3 天；内服，育成鸡每只每次 0.2～0.3 克，1 天 2 次。肌注，可用 1% 针剂，每千克体重 1 毫升，1 天 2 次。

十七、磺胺二甲嘧啶

【作用与用途】抗菌作用比磺胺嘧啶差。临床主要用于治疗禽霍乱、禽伤寒、传染性鼻炎、球虫病等。

【用法及用量】混饲浓度，0.2%，连用 3 天；饮水浓度为，0.1%～0.2% 连用 3 天。

十八、磺胺喹噁啉

【作用与用途】抗菌作用比磺胺嘧啶强。临床主要用于治疗禽霍乱、禽伤寒、大肠杆菌病、鸡白痢、球虫病、卡氏白细胞原虫病等。

【用法及用量】粉剂。混饲浓度，0.05%～0.1%；饮水浓度为，0.025%～0.05%。用药 2～3 天，停 2 天，再用 3 天。

十九、磺胺异噁唑

【作用与用途】对葡萄球菌、大肠杆菌作用特别好。临床多用于治疗禽霍乱、葡萄球菌病、大肠杆菌病等。

【用法及用量】拌料浓度，0.1%～0.2%，连用 3 天；针剂（2 克 / 毫升）肌注，20～30 毫升 / 千克体重，连用 3 天。

磺胺甲基异噁唑（新诺明）

【作用与用途】抗菌作用与磺胺嘧啶类似，临床多用于治疗禽霍乱、禽伤寒、禽副伤寒、葡萄球菌病、慢性呼吸道病等。应用时很容易出现血尿，大剂量使用需添加碳酸氢钠。

【用法及用量】拌料浓度，0.1%～0.2%，连用 3 天；针剂（2 克 / 毫升）肌肉注射，20～30 毫克 / 千克体重，连用 3 天。

二十、磺胺二甲氧嘧啶

【作用与用途】抗球虫作用比磺胺喹噁啉和呋喃类药物强；抗菌作用和磺胺嘧啶近似。临床多用于防治禽霍乱、传染性鼻炎、球虫病、鸡卡氏白细胞原虫病等。

【用法及用量】拌料浓度，0.05%～0.1%，连用 3～7 天；饮水浓度，0.025%～0.05%，连用 3～7 天；口服，成年鸡每只 25～100 毫克。

二十一、磺胺邻二甲嘧啶（周效磺胺）

【作用与用途】抗菌作用较磺胺嘧啶差。临床多用于治疗轻度呼吸道、泌尿道感染。

【用法及用量】拌料浓度，0.05%～0.1%，连用 2～3 天；饮水浓度，0.025%～0.05%，连用 2～3 天。

二十二、氨丙啉（安普罗林）

【性状】白色乃至淡黄色结晶性粉末，无臭或有特异臭味，易溶于水，除可溶于甲醇外，难溶于或几乎不溶于其他溶媒。

【作用与用途】对脆弱艾美尔球虫和堆型艾美尔球虫效果良好。它能抑制球虫第一代裂殖体的生长繁殖，作用峰期，在感染后的第三天。其作用机理是因氨丙啉的化学结构与硫胺相似，是硫胺的对抗剂。鸡体内缺乏硫胺时，可使氨丙啉在虫体的结合量提高；反之，当日粮中增加硫胺含量，每千克饲料中维生素 B_1 达 10 毫克以上时，又会降低氨丙啉在虫体内的结合，从而减弱其抗球虫作用。所以用药时，要注意控制维生素 B_1 在饲料中的含量。

【用法及用量】本品预防和控制各种鸡球虫病的用量为 0.125% ~ 0.25%，混饲连用 2 周。

二十三、盐霉素（沙利霉素）

【性状】白色粉末，易溶于乙醚和甲醇，但极难溶于水。

【作用与用途】本品对堆型艾美尔球虫、巨型艾美尔球虫、脆弱艾美尔球虫等有作用。

本品除对球虫作用外，还对大多数革兰氏阳性细菌和与鸡球虫有密切关系的厌气梭状芽孢杆菌有杀灭作用，对某些霉菌也有作用。但对革兰氏阴性菌、酵母和另外一些霉菌则无作用。

【用法及用量】粉剂。可按 0.06% ~ 0.07% 浓度混饲内服。优素精，含盐霉素 10%。

【不良反应】本品在鸡体内很快被排泄，没有明显的蓄积现象，安全性高，抗药性虫株出现极为缓慢。

二十四、莫能菌素（莫能霉素）

【性状】莫能霉素钠为微白褐色及微橙黄色粉末，略微有特异臭味。莫能霉素钠不溶于水，但可溶于有机溶剂中。

【作用与用途】本品对鸡多种艾美尔球虫有抑制作用，主要作用于球虫第一代裂殖体繁殖阶段，作用峰期，于感染后第二天，效果好，而且球虫对本品不易产生耐药性虫株。

【用法及用量】本品 0.06% ~ 0.1% 混饲，可预防球虫病，并能促进机体生长。一般宰前 3 天停药，产蛋鸡限制使用。

【不良反应】用量如超过 0.2%，会降低产蛋鸡的采食量，并影响其产蛋量及蛋重。用量超过 0.1% 可影响鸡的免疫力。

二十五、左旋咪唑（左咪唑、左噻咪唑）

【性状】左旋咪唑的盐酸盐为白色或淡黄色晶体粉末，易溶于水。

【作用与用途】为广谱、高效、低毒、使用方便的驱虫药。对禽类多种线虫有效，如鸡的蛔虫、异刺线虫等，对蛔虫的效果更好。因为本品对蛔虫的成虫及未成熟的虫体均有效。

【用法及用量】口服盐酸左旋咪唑，其用量为 20 毫克 / 千克体重，对鸡蛔虫的成虫和幼虫的驱虫率均为 100%，对异刺线虫的成虫和幼虫的驱虫率分别为 99% 及 100%。

盐酸左旋咪唑片剂（25 毫克 / 片、50 毫克 / 片）

本品驱蛔虫饮服量为 24 毫克 / 千克体重，驱虫率达 100%；驱异刺线虫和毛细线虫饮服量为 36 毫克 / 千克体重，均有较佳的驱虫效果。

【不良反应】成年鸡口服如增至 160 毫克 / 千克体重，未见毒性反应；达到 360 毫克 / 千克体重时，表现不活泼，食欲较差；增至 480 毫克 / 千克体重和 640 毫克 / 千克体重时，可引起鸡死亡。

二十六、丙硫苯咪唑（抗蠕敏）

【性状】为白色或淡黄色粉末，无臭，不溶于水，微溶于有机溶剂。

【作用与用途】为广谱、高效、低毒、使用方便的驱虫药。对鸡蛔虫、异刺线虫有高效。

鸡用药后，7 小时开始排虫，16 小时达高峰，32 小时排完。

【用法及用量】片剂，200 毫克 / 片。内服量鸡为 30 毫克 / 千克体重。

【不良反应】鸡的中毒量为 200~300 毫克 / 千克体重。

二十七、哌嗪（哌哔嗪）

【性状】易溶于水，易吸收水分和二氧化碳。

【作用与用途】主要对鸡的蛔虫有效。一般对其成虫效果好，对未成熟的虫体效果差，常用于驱除禽蛔虫的成虫。

【用法及用量】枸橼酸哌嗪（驱蛔灵）为白色粉末，可溶于水，片剂，0.5

克/片；磷酸哌嗪为白色晶状粉末，难溶于水，片剂，0.5 克/片。

混饲 0.2～0.3 克/千克体重，也可按 0.4%～0.8% 混饮。

【不良反应】用量为 2 克/千克体重时，禽在 1～3 小时后出现食欲减退，但 5 小时后即恢复。

二十八、氯硝柳胺（灭绦灵、育米生）

【性状】为淡黄色粉末，难溶于水，无臭，味苦。

【作用与用途】本品对多种绦虫和吸虫有效，特别对绦虫效果好。药物接近虫体时，可杀死其头节及近段，使头节从肠壁脱落而随粪便排出。

【用法及用量】片剂（0.5 克/片），用量为鸡每千克体重 50～65 毫克。

【不良反应】本品毒性小，安全范大，鸡内服 104 毫克/千克体重，也安全。

二十九、溴氰菊酯（敌杀死）

【作用与用途】本品对鸡蜱、鸡虱、鸡螨有作用。其残效期短，可隔 10～15 天再用一次。

【用法及用量】2.5% 溴氰菊酯乳剂，可喷洒或药浴。配法：在 100 升水中加入 2.5% 溴氰菊酯乳剂 200 毫升，即得 0.05% 的浓度；如加入 350 毫升，即得 80 毫克/升浓度。

说明：在药物的【用法及用量】中，出现的"ppm"这里的意思是"百万分比浓度"即为"毫克/升"或"毫克/千克"。1ppm=0.001%。

参考文献

［1］宁宜宝.兽用疫苗学.北京：中国农业出版社，2008

［2］苏贵定，王福传，李清宏.高效设施良种养殖基地实用技术.太原：山西科学技术出版社，2010

［3］郭玉璞，张中直，林昆华等.鸡病防治.北京：金盾出版社，2002

［4］王福传，董希德.兽药手册.北京：中国农业出版社，2008

［5］朱维正，张泽黎，郭健颐等.鸡鸭鹅病防治（第四版）.北京：金盾出版社，2002